Greifvögel und Eulen ▶

Turmfalke, Seite 36

Waldkauz, Seite 38

Krähenvögel ▶

Elster, Seite 40

Eichelhäher, Seite 42

Luftjäger ▶

Mauersegler, Seite 60

Rauchschwalbe, Seite 62

Meisen ▶

Kohlmeise, Seite 64

Blaumeise, Seite 68

Nachtigall, Seite 86

Gartenrotschwanz, Seite 88

Mönchsgrasmücke, Seite 90

Fitis, Seite 92

Hans-Martin Busch

Vögel in Garten und Park

Der etwas andere Naturführer

blv

Gefiederte Freunde

Diesen Spatzen ist es gleichgültig, ob es sich um das Bauherrenmodell oder sozialen Wohnungsbau handelt.

Wohl die wenigsten Menschen haben auch nur eine ungefähre Vorstellung davon, wie viele Vogelarten eigentlich – und oft völlig unbemerkt – in ihrer unmittelbaren Nähe leben. Weitgehend unbekannt ist auch, um welche Arten es sich im Einzelnen jeweils handelt, wie diese gefiederten Nachbarn »ihren Unterhalt bestreiten« und warum sie überhaupt den Anschluss an den Menschen suchen. Diesen vogelkundlich weniger vorbelasteten Zeitgenossen möchte das Buch den Zugang zu einer der kurzweiligsten (und kostengünstigsten!) Freizeitbeschäftigungen überhaupt eröffnen – mit der Garantie, dabei die Sinne zu schärfen und sich bei der Befassung mit der Vogelwelt im besten Sinne des Wortes abzulenken von den stets präsenten Drangsalen des Alltags. Insofern kann die Aufmerksamkeit für die Vögel und ihre verschiedenen Lebensäußerung durchaus der »mentalen Wellness« dienen – und

Stadtvögel machen sich die verschiedensten Dinge der gestalteten Umwelt zunutze.

das, ohne dazu irgendwelche besonderen Aktivitäten entfalten zu müssen. Denn Vögel sind überall um uns herum und immer schon da! Man braucht nur hinzuschauen und wahrzunehmen.
Schon beim Blick aus einem höher gelegenen Bürofenster, beim Warten an einer geschlossenen Bahnschranke oder auf dem winterlich verschneiten Weg zur nächsten Haltestelle können sich so Erlebnisse mit Vögeln ergeben. Eindrücke, die für den aufmerksamen Beobachter Fragen aufwerfen, etwa danach, um welche Art es sich eigentlich handelt und wie ihr Verhalten zu interpretieren ist.

Es muss gar kein kompletter Gartenteich mit allem Drum und Dran sein. Baden lässt sich auch in einem Unterteller (Amsel).

Obwohl hier auch Arten genannt werden, denen man in den angesprochenen Situationen begegnen kann – Hausrotschwanz, Stieglitz und Seidenschwanz etwa –, liegt der Fokus des Buches auf den Grünbereichen der Städte und Dörfer, also den Gärten und Parks. Denn hier häufen sich nicht zufällig mit der Artenvielfalt und Individuendichte die Beobachtungsmöglichkeiten.
Auf den ersten Doppelseiten des Buches finden Sie Anregungen, sich zukünftig etwas intensiver mit diesen interessanten Geschöpfen zu befassen und ihnen das (Über-)Leben in unserer Nähe zu erleichtern. Sie erfahren, welche Bedeutung diese vom Menschen geschaffene Lebensräume für eine Gruppe von Wildtieren haben, die sich diese Biotope als neue Heimat auserkoren haben und sie als Brut- und Nahrungsrevier oder auch nur als Durchzugs- und Ruheraum nutzen. Der Hauptteil behandelt insgesamt 58 Vogelarten und berichtet von ihrem Aussehen und ihrer Lebensweise, ihrer Geschichte im Verhältnis zum Menschen sowie von Besonderheiten ihrer Biologie. Vielfach kommen dabei Informationen zur Sprache, die auch für andere Arten zutreffen, ohne dort noch einmal wiederholt zu werden. Man kann also zur schnellen Vertiefung einer konkreten Beobachtung durchaus gezielt im Buch beim entsprechenden Vogel nachschlagen. Wer jedoch ein bisschen »Blut geleckt« hat, wird auch gern bei Arten herumschmökern, die er vielleicht noch nicht bewusst zu Gesicht bekommen hat.

Eine Kohlmeise bei der Gartenarbeit.

Winterliche Ansammlung von Wasservögeln – besonders Schwänen und Gänsen – am Schlossteich.

Die grünen Oasen der Städte

Grünanlagen und Gärten dienen der Freizeit und Erholung. Auch wenn sie unterschiedliche geschichtliche Wurzeln und jeweils eigene Entwicklungen durchlaufen haben, bilden sie heute – zusammen mit den Friedhöfen – das grüne Rückgrat der urbanen Siedlungsräume. Aus der Sicht der Vögel stellen sie Inseln in den immer vegetationsärmer werdenden Betonwüsten dar, in denen nur wenige Generalisten wie Haussperling, Amsel und die umstrittene Straßentaube sowie einige ursprünglich an Fels- und Gebirgsstrukturen angepasste Spezialisten wie Mauersegler und Hausrotschwanz Überlebenschance haben. Wesentliche Voraussetzung für die Ansiedelung von Vögeln sind geeignete Lebensräume, die Standorte für den Nestbau und ausreichend Nahrung für die Eltern und ihren Nachwuchs bieten. Der Strukturreichtum der »grünen Lungen« der Städte entscheidet also mit darüber, welche Wildvogelarten das Leben dort bereichern.

Besonders in ehemaligen Residenzstädten lässt sich bei einem Spaziergang durch den Schlosspark oft das Nebeneinander völlig gegensätzlicher Gestaltungsprinzipien feststellen. Vor den Fronten des

Schlosses ist hier der »französische Garten« zu studieren, der Beete und Pflanzen, Gewässer und Skulpturen Symmetrien und geometrischen Formen unterwirft und das Herrschaftsbewusstsein der absolutistischen Fürsten und Könige widerspiegelt. In diesen Parkanlagen wird man auf den Wasserflächen neben dem Höckerschwan – letztlich einem Erbe aus jener Zeit – vor allem Blässhühner und Stockenten antreffen. Besonders im Winter gesellen sich dann in größerer Zahl verschiedene weitere Entenarten und Möwen hinzu. Für ein reiches Brutvogelleben sind diese Parkanlagen mit ihren kurz geschnittenen Rasenflächen und den kupierten, oft isoliert stehenden Ziersträuchern dagegen wenig geeignet.

In Gärten und Parks kann man Vögel buchstäblich hautnah erleben.

Bereits in der ersten Hälfte des 18. Jahrhunderts entstand in kritischer Abgrenzung gegen das autokratische Herrschaft demonstrierende Modell des französischen Gartens in England ein Konzept, das auf naturnahe Landschaftsgärten setzte und sich dabei oftmals an einer romantisierenden Landschaftsmalerei orientierte. Durch Waldinseln winden sich hier Wege, die dem Spaziergänger immer wieder den Blick auf weite Rasenflächen und andere Gehölzgruppen öffnen. Künstlich angelegte Bachläufe mit Wasserfällen, Hügel und Landschaftsseen sollen ein harmonisches Naturerlebnis ermöglichen und positiv auf die Seele des Besuchers wirken. Es wandelte sich also auch die Bestimmung der Parks: Der dem exklusiven Lustwandel der Aristokratie gewidmete Schlossgarten wich dem »englischen Garten«, der nicht nur einem Stand, sondern dem ganzen Volke zugute kommen sollte. Bei der Neuanlage von Grünanlagen im Zuge der Stadterweiterung werden noch heute Grundprinzipien des englischen Gartens angewandt.

Der Strukturreichtum dieser Parks mit ihren großflächigen Waldrandzonen, ihre Wiesen, Kleingehölzinseln und hochwaldartigen Baumgruppen mit oftmals dichtem Unterwuchs führt im Vergleich zur nahen Stadt zu einem Ansteigen der Anzahl der Vogelarten und stellt gelegentlich sogar die natürlicher Lebensräume in den Schatten. Viele der im Artenteil behandelten Vögel können hier regelmäßig beobachtet werden.

Landschaftsparks werden auch von Wasservögeln wie diesen Kanadagänsen gerne als Brutgebiet angenommen.

Gärten für Menschen und Vögel

Typische Kleingartenanlage mit Schatten spendenden Bäumen, Sträuchern, Zierpflanzen und Nutzbeeten.

Nutz- und Ziergärten sind seit jeher mit dem Wohnbereich der Menschen verbunden. Als so genannte Bauerngärten dienten sie vor allem der Selbstversorgung mit frischem Obst und Gemüse. Aber auch der ästhetische Aspekt und die Freude an Blumen spielten von Anfang an eine große Rolle. Mitte des 19. Jahrhunderts sprach der Arzt und Pädagoge Daniel Gottlob Moritz Schreber ihnen eine erhebende und volksbildende Funktion zu. Dies wiederum löste die nach ihm benannte Bewegung aus, deren Wirken noch heute in städtischen Kleingartenanlagen und Laubenkolonien zu besichtigen ist. Diese staatsbürgerlich bildende Aufgabe des Gartenwesens wich in der 2. Hälfte des 20. Jahrhunderts mehr und mehr einer Umwidmung des Hausgartens zum Raum der privaten Freizeitgestaltung. Nach dem Motto »Hier bin ich Mensch, hier darf ich's sein« schaltet der Mensch vom Stress der Arbeitswelt ab und gibt sich den mannigfaltigen Aufgaben des Gartenjahres hin, wobei anfangs freilich oft ein recht rigider Gestaltungswille vorherrschte, der vom Heckenschnitt über die Beetbepflanzung bis zur Rasenpflege eher Maßstäben folgte, die Ordnung und Sauberkeit in den Mittelpunkt stellten.

Erst in den letzten 20 Jahren hat im Zuge der ökologischen Bewegung bei vielen Gartenbesitzern ein Umdenken eingesetzt, und sie haben sich von der sterilen Gartengestaltung mit golfplatzartigem Rasenschnitt und gnadenloser Unkraut- und Schädlingsbekämpfung verabschiedet, die das Bild der Hausgärten ordnungsliebender Deutscher seit den 50er-Jahren bestimmte.
Heute kann man ein Nebeneinander von solchen eher »französisch« inspirierten Gärten und so genannten Naturgärten in verschiedenen Abstufungen feststellen, in denen Pflanzen und Tieren mehr oder weniger freier Lauf gelassen wird. Der Boom der Gartencenter und der Gartenabteilungen von Baumärkten mit ihren einschlägigen Angeboten an Pflanzen, Gärtnerbedarf und Gartenmöbeln spricht Bände über die Bedeutung, die diese privaten Inseln der Freizeit für die Menschen gewonnen haben. Als Fortsetzung »Balkoniens« mit erweiterten Mitteln bilden sie den Hintergrund einer Ausdehnung der eigenen vier Wände, wo einem keiner reinredet und der Stress des Alltags abfallen und in selbstbestimmter, sinnvoller Aktivität bewältigt werden kann.

Die Vielfalt der Vegetation und damit die Größe der von Vögeln besiedelbaren Flächen hat mit der Ausdehnung der Gartenvorstädte und der unterschiedlichen Gestaltung der Hausgärten immens zugenommen. Da – anders als für die meisten Gartenbesitzer – die Grenze zu Nachbars Garten für Vögel kaum Bedeutung hat, kann ein Komplex aneinander grenzender Vorstadtgärten tatsächlich Strukturen aufweisen, die auch seltenere Vogelarten anlocken und da und dort sogar zu einem Brutversuch animieren.

Auch ohne weiteres Zutun der Besitzer werden sich in solchen vernetzten Garteninseln Vögel einfinden. Sei es, dass sie hier ihre Nahrung suchen wie die Amsel, die auch aus einem »gepflegten« Rasen Regenwürmer zieht, oder wie Meisen, die aus dem Blattwerk von Bäumen und Sträuchern Schmetterlingslarven und Blattläuse picken. Sei es, dass sie – oft unbemerkt von den Menschen – in den Hecken zwischen den Parzellen Schutz und Deckung für die Anlage eines Nestes und zur Aufzucht ihres Nachwuchses finden. Besonders in den schon älteren und dörflichen Vorort-Gärten hat die Vegetation oft eine Reife erreicht, die sowohl von der Dichte des Bewuchses als auch von der Fülle der anfallenden Samenmast her der Vogelwelt zu jeder Jahreszeit das Angebot macht, diese sowohl zur Brut als auch zum Überleben im nahrungsknappen Winter zu nutzen.

Das Brautgeschenk des balzfütternden Rotkehlchen-Männchens wird auf der Werkbank übergeben.

Rotschwänze wie hier der Hausrotschwanz nehmen gern halboffene Konstruktionen an.

Nisthilfen

Gärten kommt auch deshalb besondere Bedeutung für die Vögel zu, da intensive landwirtschaftliche Nutzung an vielen Stellen unseren gefiederten Freunden ein Überleben schwer bis unmöglich macht. So sind diese Lebensräume immer mehr zu Refugien geworden. Der Gartenbesitzer, der ein bisschen an die Bedürfnisse der Vögel denkt, verhilft also nicht nur sich selbst zu einer Fülle interessanter Erlebnisse und Beobachtungen, sondern tut auch praktisch einiges für die einheimische Vogelwelt.
Arten wie Mönchsgrasmücke, Rotkehlchen und Zaunkönig, die ihr Nest in der dichten Vegetation bauen, kann man durch die gezielte Bepflanzung seines Gartens Bedingungen schaffen, die ihren Bedürfnissen in Sachen Nahrung und Nistplatz entgegenkommen. Zu nennen wären hier – neben dem Verzicht auf »chemische Keulen« zur Bekämpfung von Schädlingen wie Blattläusen, die in der Regel zum Nahrungsspektrum der Vögel gehören – dichtwüchsige, Deckung bietende, am besten Beeren tragende Sträucher sowie Koniferen, die allein schon durch ihren Bau Schutz vor Feinden wie Katzen bieten.

Für die Vogelarten, die ihr Nest in Höhlen anlegen, kann man angesichts des weit gehenden Fehlens von natürlichen Löchern in altem, morschem Baumbestand Nisthilfen verschiedener Bauart bereitstellen. Die Klassiker sind hier die geschlossenen Nistkästen mit einem Einflugloch nach dem Muster des Starenkastens.
Sie sind besonders für Meisen, aber auch für Kleiber geeignet. Da unter diesen Höhlenbrütern eine starke Konkurrenz um den Wohnraum besteht, kommt der Größe des Einfluglochs eine besondere Bedeutung zu, denn nur der Kleiber ist in der Lage, ein zu großes Loch auf seine Bedürfnisse hin mörtelnd zu verengen. Ein Einflugloch von 28 mm Durchmesser hat sich bei Blaumeise und Tannenmeise bewährt, 33 mm sind für Kohlmeise und Kleiber optimal, während der

Gartenrotschwanz nach vorne offene Nistkästen oder geschlossene mit einem hochkant-ovalen Einflugloch von 30 x 45 mm bevorzugt. Baumläufer lassen sich durch am Baumstamm befestigte Nisthilfen mit seitlichem Eingangsschlitz zur Brut anlocken, Haussperlinge beziehen als Koloniebrüter gerne an Hauswänden angebrachte »Sperlingsreihenhäuser«. Auch dem Zaunkönig sollte man in Anbetracht des häufig noch zu schütteren Unterwuchses mit eigens konstruierten Nistkugeln entgegenkommen.

All diese Nisthilfen

sind zumeist aus Holz oder Holzbeton und käuflich bei den verschiedenen Organisationen und Verbänden des Vogelschutzes zu erwerben. Diese stehen in aller Regel auch gern mit Rat zur Seite, wenn es um den für den jeweiligen Gartenbiotop geeigneten Nistkasten, dessen günstigste Platzierung oder um die nötigen Pflegemaßnahmen geht. Spezielle Literatur mit Bauanleitungen für verschiedene Nistkastentypen ermöglicht es darüber hinaus, selbst Hand anzulegen und Vögeln ein neues Zuhause zu schaffen.

Man sollte die Nisthilfen bereits im Herbst ausbringen, da viele Vögel sich schon zu dieser Jahreszeit nach passendem Wohnraum für die nächste Brutzeit umsehen. Im folgenden Frühjahr eröffnen sich dann interessante Beobachtungsmöglichkeiten bei der Paarbildung, der Besetzung (und Verteidigung) des Reviers, der Phase der Eiablage und natürlich bei Brut und Aufzucht der Jungvögel bis hin zu deren Ausfliegen.

► In diesem Nistkasten hätten sich anstelle der Feldsperlinge auch Meisen oder der Kleiber einrichten können.

◄ Klassischer Starenkasten mit Bewohnern. Der Alte soll sich jetzt aber mal bitte an die Futtersuche machen ...

► Blick in eine Blaumeisen-Bruthöhle. Blaumeisengelege können allerdings erheblich größer ausfallen.

Fütterung – bitte mit Bedacht

An diesem Vogelhäuschen hat sich ein Birkenzeisig zu den Blaumeisen gesellt.

Anders als man vielleicht vermuten möchte, ist das Problem, das Vögel mit der kalten Jahreszeit haben, weniger durch die niedrigen Temperaturen bedingt – schließlich haben sie ja alle stets ihre »Daunenjacke« an – als vielmehr durch die knapper werdende Nahrungsgrundlage. Es läge also nahe, die winterliche Vogelfütterung mit Vogelhäuschen, Futterspendern und den berühmten Meisenringen und -knödeln zu befürworten. Eine erhöhte Sterblichkeit der Vögel im Winter ist jedoch natürlich und der Fitness der Population insgesamt förderlich – weshalb der Wert der Winterfütterung als Überlebenshilfe für die Vogelwelt insgesamt niedriger zu veranschlagen ist als etwa das Bereitstellen von Nisthilfen. Gleichwohl gibt es kaum eine bessere Gelegenheit, Vögel so hautnah zu erleben, wie vom Fenster aus am Futterhäuschen. Die Fütterung ermöglicht auch dem Stadtmenschen Naturerlebnisse aus erster Hand und nächster Nähe. Hier benötigt man nicht einmal ein Fernglas, um Arten, die man vielleicht noch nie gesehen hat, zu Gesicht zu bekommen, zu beobachten, zu bestimmen und womöglich sogar zu fotografieren.

Ein Vogelhäuschen kann darüber hinaus auch pädagogisch wertvoll sein, wenn es gelingt, Kinder und Jugendliche für die Eindrücke, die hier zu gewinnen sind, zu begeistern und ihnen die mit der Betreuung, Pflege und Kontrolle der Fütterung verbundene Verantwortung zu übertragen. Es sollten dabei nämlich einige Punkte beachtet werden, deren Erfüllung Aufmerksamkeit, Nachdenken und Zuverlässigkeit voraussetzt:

- nur bei geschlossener Schneedecke füttern, um die Vögel nicht in Abhängigkeit von der Fütterung zu bringen
- nicht mehr als eine »Tagesration« auslegen, um ein Verderben des Futters zu vermeiden
- mehrere Futterspender möglichst weit von einander entfernt aufstellen, um den Stress unter den konkurrierenden Fütterungsgästen zu minimieren
- die Futterstelle regelmäßig reinigen, um es nicht zur Ausbreitung von Krankheitskeimen kommen zu lassen.

Interessante Beobachtungen an vielen verschiedenen Vogelarten und ihrem Verhalten bietet die Winterfütterung: Seien es die unterschiedlichen Nahrungsvorlieben, der Unterschied in der Bearbeitung der Früchte und Samen, die Heftigkeit der Auseinandersetzung ums Futter oder auch einmal der erfolgreiche – und ökologisch gesehen völlig korrekte – Zugriff eines Sperbers auf einen Fütterungsbesucher. Auf einem etwas anderen Blatt als die beschriebene verantwortungsbewusste Winterfütterung der Singvögel steht die Fütterung der städtischen Straßentauben und Wasservögel in den Parks, die in vielen Städten mit Verboten belegt ist, da die Populationen durch diese oft massenhafte Nahrungszufuhr derart anwachsen können, dass sie erhebliche Schäden an Gebäuden (Taubenkot) hervorrufen und Parkgewässer zum »Kippen« bringen. Auch hier gilt wie so oft: Das Gegenteil von gut ist – gut gemeint! Besonders sollte man Abstand vom Entsorgen häuslicher Essensreste nehmen. Dagegen, dass ein Kind Schwänen, Enten und Möwen einen Nahrungsbrocken zuwirft und den Tieren auf diese Weise so nahe kommt wie sonst kaum einmal, wird gewiss niemand etwas einwenden.

▲ Der besondere Vorteil solcher Futtersilos ist, dass die Vögel nicht auf das Futter koten können.

◀ Die Schwäne, Gänse und Enten haben natürlich keine Ahnung von der Problematik der Fütterung an Parkseen ...

Eine weibliche Mönchsgrasmücke tut sich an den Beeren des Spätsommers gütlich.

Vogelbeobachtungen im Jahreslauf

Im Mittelpunkt eines Vogellebens steht die Brutzeit. Nach ihr richten sich praktisch alle Verhaltensweisen, Erscheinungsformen und Lebensäußerungen der Vögel. Sie fällt in unseren Breiten in der Regel in das Frühjahr und wird eingeleitet durch die Revierbesetzung, die besonders bei den Singvögeln durch den arttypischen Gesang der Männchen begleitet wird. Bis die Reviergrenzen abgesteckt sind, kann es zu regelrechten Gesangsduellen, aber auch handgreiflicheren Auseinandersetzungen kommen. Viele Arten tragen jetzt ein besonders auffälliges Federkleid, das Prachtkleid, das vor allem bei den Männchen die ganze Schönheit der Färbung und Zeichnung zeigt. Der Revierbesetzung folgen die Wahl des Neststandortes, der Nestbau und die Eiablage, eine Phase, in der die Vögel sehr störungsempfindlich sind. Schnell wird hier eine Brut aufgegeben, wenn man ahnungs- oder rücksichtslos zu nahe kommt – mit ein Grund, warum die Wegegebote in Parks von verständigen Menschen eingehalten und auch gegenüber ihren weniger einsichtigen Hunden durchgesetzt werden sollten.

Sind die Jungen geschlüpft, fängt für die Eltern der Stress erst richtig an. Jetzt muss Futter gesucht werden, und auch für Körner fressende Vogelarten wie Finken und Sperlinge steht

Auch Herr Haussperling beteiligt sich am Nestbau und organisiert hier weiche Fasern.

zunächst einmal tierische Nahrung, also Insekten und deren Larven, auf dem Speiseplan. Anders als die jungen Singvögel, die das Nest hüten, bis sie flügge sind, verlassen junge Schwäne, Gänse und Enten, aber auch Bläss- und Teichhuhnküken das Nest bereits nach kurzer Zeit und folgen ihren Eltern auf den See hinaus. Flügge Singvogeljunge begleiten ihre Eltern auf den Streifzügen durch die Vegetation und machen durch ihr eindringlich bettelndes Piepsen auf sich und ihren kaum stillbaren Appetit aufmerksam.

Zum Ende der Brutsaison scheiden sich die Insekten fressenden Vogelarten von den Körnerfressern. Während Erstere sich auf die Wanderung in ihre südlichen Überwinterungsgebiete durch das Anfressen einer Fettschicht vorbereiten und dann die große Reise antreten, sammeln Letztere sich in unterschiedlich großen, oft gemischten Trupps und durchstreifen das Land auf der Suche nach Samen und Früchten. Diese eher grobe Einteilung wird dadurch weiter differenziert, dass auch im Winter noch erreichbare Insektennahrung es etwa Baumläufern gestattet, im Land zu bleiben, während manche Körner, Samen und Früchte verzehrende Vogelarten wenigstens teilweise nach Süden und Südwesten ausweichen. Letztlich entscheidet die Härte des kommenden Winters und die Opfer, die er unter den Dagebliebenen fordert, mit darüber, wer im nächsten Frühjahr die optimalen Brutbiotope besetzen kann und dadurch die besten Chancen für die Fortpflanzung erhält – die »Zieher« oder die »Ausharrer«.

Im Herbst kann man eine Art Wachablösung unter den Vögeln beobachten. Denn dann verlassen nicht nur einige unsere Breiten, wir erhalten auch allmählichen und dann immer stärker werdenden Zuzug von Wintergästen aus nordöstlichen Gebieten, wo die kalte Jahreszeit früher einkehrt. Das lässt sich besonders an den Parkgewässern studieren, wo die Zahl der Enten, Schwäne, Gänse, Blässhühner und Möwen deutlich zunimmt. Auch die Schwärme von Krähen, die allmorgendlich ihre Schlafplätze in Friedhöfen und Parks verlassen, um sich auf verschiedene Nahrungsplätze zu verteilen und mit Einbruch der Dunkelheit wieder lautstark an ihren Schlafbäumen einzufallen, kennzeichnen diese Periode im Vogeljahr.

▲ Das bereits ausgeflogene Rotkehlchenjunge wird noch eine Weile von den Eltern gefüttert.

► Streitereien unter Schwimmrallen wie hier den Teichhühnern werden oft mit den Füßen ausgetragen.

Wanderungen

Vor dem Abflug nach Süden sammeln sich Schwalben in großen Trupps.

Es leuchtet ein, dass Vogelarten wie Schwalben und Mauersegler, die sich ausschließlich von fliegenden Insekten ernähren, in unseren Breiten den Winter nicht überleben können und uns daher verlassen müssen, wenn die Nahrungsgrundlage schwindet. Diese »obligatorischen« Zugvögel treten dann mehr oder weniger zügig nach dem Ende der Brutzeit ihre Wanderung in Überwinterungsgebiete an, die bei den so genannten Langstreckenziehern in Afrika südlich der Sahara liegen.

Andere von Insektennahrung abhängige Vogelarten wie Bachstelze, Hausrotschwanz und Zilpzalp wandern dagegen als »Kurzstreckenzieher« in der Regel nur bis in den Mittelmeerraum, und einzelne Vögel aus dieser Gruppe versuchen immer wieder auch, in milden Wintern auszuharren – sie weichen erst dann nach Südwesten aus, wenn strenge Frostperioden mit geschlossener Schneedecke sie dazu zwingen. Sie erscheinen auch im Frühjahr wieder, sobald die Witterung es zulässt, während die Langstreckenzieher – allein schon wegen der weiten Wege – relativ deutlich definierte Zeitfenster für Ankunft und Abzug aufweisen.

Viele vornehmlich von Früchten und Sämereien lebende Vogelarten zeigen ein innerartlich differenziertes Zugverhalten. Sie sind so genannte Teilzieher. Ein Teil der Population zieht mit Einbruch der kalten Jahreszeit in Winterquartiere, die in der Regel in West- und Südwesteuropa liegen, der andere Teil bleibt über den

Zum Winterhalbjahr hin ziehen viele Lachmöwen in die Städte.

Winter in der näheren Umgebung des Brutgebietes. Als Beispiele für solche Teilzieher können Rotkehlchen und Amsel, aber auch Buchfink und Stieglitz gelten. Auch beim Turmfalken findet man beide Zugstrategien: Einige verhalten sich wie Zugvögel, andere wie Standvögel. Als »Strichvögel« bezeichnet man Vogelarten, die wie die Meisen und einzelne Finkenarten keine strenge, regelmäßige Zugstrategie entwickelt haben, sondern im Winter in Trupps eher opportunistisch von Nahrungsquelle zu Nahrungsquelle ziehen. Der Erlenzeisig als Vagabund oder »Zigeunervogel« passt darüber hinaus nicht nur seine Wanderungen, sondern auch seine Brutzeit und sogar den Brutort an das reiche Vorkommen von Samen tragenden Bäumen an.

Das Zuggeschehen

in Mitteleuropa ist jedoch nicht nur durch die Variationen zwischen Abziehen und Bleiben der einheimischen Vogelarten gekennzeichnet. Es findet hier auch im großen Maßstab ein Durchzug nördlicher Arten und Populationen statt, und viele Vögel wie etwa der Bergfink nutzen das Gebiet als Überwinterungsquartier. Oft ist übrigens schwer zu sagen, ob es sich etwa bei einem Trupp Dompfaffen um einheimische Tiere oder um Wintergäste handelt. Gelegentlich gelingt es Experten für Vogelstimmen, die Rufe der Vögel einem bestimmten Gebiet zuzuordnen.

Von den Wasservögeln und Krähen, die bei uns überwintern, war schon die Rede; es sei aber noch auf den Seidenschwanz hingewiesen, der in manchen Jahren seine Kurzstreckenwanderung aus den Wäldern Skandinaviens und Nordrusslands nach Norddeutschland ausdehnt und dann als »Invasionsvogel« in oft großen Scharen überall in Mitteleuropa auftreten kann.

In der Dämmerung der Winterabende fliegen große Krähenschwärme zu ihren Schlafplätzen in Parks und Friedhöfen.

Nestflüchter und Nesthocker

Nesthocker sind zunächst nackt und hilflos. Junge Mönchsgrasmücken bei der einzigen Tätigkeit, die sie draufhaben: um Futter betteln!

Schreiten Vögel zur Brut – wie der etwas verstaubt anmutende sprachliche Ausdruck immer noch lautet –, dann haben sich die Auseinandersetzungen um die Paarbildung und Revierabgrenzung weitgehend erledigt, und nach der Wahl des Neststandortes kann mit dem Nestbau begonnen werden. Außer dem Turmfalken, der seine Brut in Mauerlöchern und Felshöhlen, aber auch in alten Krähennestern aufzieht, bauen alle in diesem Buch behandelten Vögel ein Nest, auch wenn die Sorgfalt, die sie darauf verwenden, ebenso wie die Beteiligung der Geschlechter am Bau unterschiedlich ausfallen. Ist das Nest fertig, kann die Eiablage beginnen, die sich in der Regel über mehrere Tage erstreckt – immerhin beträgt die Eimasse besonders bei Kleinvögeln bedeutende Gewichtsteile der Mutter, von deren Substanz hier gezehrt wird.

Die Entwicklung des Vogels im Ei beginnt mit der Wärmezufuhr durch die brütenden Eltern. Und hier zeigen der Waldkauz und teilweise auch der Turmfalke ein von den anderen Vogelarten abweichendes Verhalten. Während die nämlich mit dem Brüten beginnen, sobald das letzte Ei gelegt ist, fängt die Eule stets nach der Ablage des ersten an zu brüten. Daher verteilt sich auch der Schlüpftermin der Jungvögel über mehrere Tage, und das Älteste hat so die besten Aussichten zu überleben, während das Schicksal der »Nachgeborenen« ganz vom Jagderfolg der Eltern während der Nestlingsperiode abhängt. Wer da Pech hat, kann schnell selbst zur Nahrung der Geschwister werden.

Sind die Jungvögel geschlüpft, so unterteilen sie sich in ihrem Verhalten vom ersten Tag an in zwei Gruppen: Die Jungen von Schwänen, Gänsen, Enten und Rallen (Blässhuhn und Teichhuhn) verlassen das Ei mit einem fertigen Dunenkleid und sind bald nach dessen Abtrocknen bereit, ihren Eltern auf das Nahrungsgewässer zu folgen. Sie verhalten sich wie Nestflüchter und werden auch so bezeichnet. Zwar müssen sie zunächst immer wieder »gehudert« werden, wobei die Elternvögel sie unter ihre Fittiche nehmen und wärmen, für ihre Nahrung sorgen sie jedoch schnell selbst, wobei sie vor allem Insekten von der Wasseroberfläche aufpicken. Ganz anders sieht es bei der anderen Gruppe aus, bei den Nesthockern. Sie schlüpfen nackt und blind und sind völlig auf ihre Eltern angewiesen, die ganz für die Nahrung und, bis das Dunenkleid gewachsen ist, auch für den Wärmehaushalt der Küken zuständig sind. Zu dieser Gruppe gehören von den hier behandelten Arten nicht nur alle Singvögel, sondern auch die Spechte, Mauersegler und Tauben sowie Waldkauz und Turmfalke.

Der erste Ausflug

Ein aufregender Augenblick im Vogelleben der Nesthocker ist dann gekommen, wenn es gilt, zum ersten Mal das Nest zu verlassen. Zunächst müssen natürlich die Flügel erprobt und die Flugmuskulatur trainiert werden. Und irgendwann wird das Locken der Eltern dann so unwiderstehlich, dass man den ersten Flugversuch startet und heilfroh aufatmet, wenn man halbwegs sicher auf einem Ast gelandet ist. Das Beste, was man von dort aus tun kann, ist heftig um Futter betteln. Komisch, dass manche Menschen glauben, man wäre hilflos und verlassen, wenn man als Amseljunges in einem Beet sitzt und piept. Die Eltern wissen schon, wie es gemeint ist.

▲ Auch bereits flügge Nesthocker wie diese Singdrossel betteln noch um Futter – allerdings mit abnehmendem Erfolg.

◄ Das Blässhuhnküken, ein Nestflüchter, sucht sich schon selbst Nahrung. Der Elternvogel reicht ergänzend kleine Brocken.

Die Schnäbel der Feldsperlinge sind für das Aufnehmen von Sämereien bis hin zu Getreidekörnern geeignet.

Wie ihnen der Schnabel gewachsen ist …

Neben ihrem Federkleid, das die Vögel als eigene Klasse im Tierreich heraushebt, fällt besonders ihr Schnabel auf, der in einer ungeheuren Vielfalt von Formen eine Anpassung an die jeweils bevorzugte Nahrung und die Methoden ihres Erwerbs darstellt. Grob kann man hier dementsprechend zwischen Pflanzenfressern, Fleischfressern und so genannten Allesfressern unterscheiden.

Unterschiede ergeben sich aber sogleich, wenn man sich klar macht, worum es sich im Einzelnen handelt – bei der pflanzlichen Kost etwa gibt es Wasserpflanzen, deren Sprosse und Knollen die Schwäne vom Gewässergrund ernten, oder Gräser und Wurzeln, die die Gänse abweiden. Es können Blatt- und Blütenknospen sein, die etwa Gimpel im zeitigen Frühjahr aufnehmen, oder Beeren und Früchte bzw. die verschiedensten Samen, die für Finkenvögel von besonderer Bedeutung sind. Die Liste ließe sich beliebig erweitern. Auch bei den Fleischfressern ergeben sich formenreiche Differenzierungen. Man denke nur an die klassischen Greifvögel wie Turmfalke und Waldkauz, deren Hakenschnäbel ihnen das Töten der Beutetiere ermöglichen. Im weiteren Sinne gehören zu den Fleischfressern aber eben auch die Vögel, deren Kost vornehmlich aus Spinnen, Insekten und deren Larven besteht, die wiederum in ganz verschiedenen Räumen aufgenommen werden. Schwalben und Mauersegler sind mit ihren äußerlich kleinen Schnäbeln, die sich jedoch zu einem deutlich größeren, effektiven Kescher öffnen lassen, hoch spezialisierte Luftjäger, während Zweigsänger wie Fitis und Mönchsgrasmücke das Blattwerk der Bäume und Sträucher in seinen verschiedenen Etagen nach Beutetieren absuchen.

Noch komplexer wird das Bild weiter dadurch, dass auch Pflanzliches fressende Arten – wenigstens zur Aufzucht der Jungen – bisweilen auf tierische Nahrung umsteigen, während »Gemischt-

▶ Der Gimpel popelt hier den Kern aus einer Beere heraus. Das Fruchtfleisch interessiert ihn nicht.

köstler« wie Drosseln und Meisen von vornherein ein größeres Nahrungsspektrum aufweisen – das es ihnen dann übrigens auch eher erlaubt, den Winter in unseren Breiten zu verbringen.

Die Schnabelformen der Singvögel unserer Breiten lassen sich danach einteilen, ob es sich vorwiegend um Insektenfresser oder Körnerfresser handelt (grüne Pflanzenteile stehen relativ selten auf dem Speiseplan). Typisch für Insektenfresser ist ein feiner länglicher, gelegentlich wie bei den Baumläufern gebogener Schnabel, mit dem sie wie mit einer Pinzette Beutetiere auch aus Ritzen der Baumrinde hervorziehen können. Körnerfresser wie Sperlinge und Finken haben dagegen konische Schnäbel, die an das Herauspulen und Knacken von Sämereien und Kernen unterschiedlicher Größe und Festigkeit angepasst sind. Die Bandbreite reicht hier vom Girlitz mit seinem kurzen, besonders für das Aufnehmen und Bearbeiten von Gras-, Kräuter- und Staudensamen geeigneten Schnabel bis zum Kernbeißer, der es mit seinem gewaltigen Schnabel sogar mit Kirschkernen aufzunehmen vermag. Amsel und Star haben dagegen weniger spezialisierte Schnäbel, die es ihnen erlauben, sowohl im Boden nach Würmern und Larven zu bohren, als auch Früchte und Beeren zu nutzen. Wenn die Hand des Gärtners also ausreichend »Schädlinge« auf den Pflanzen und im Erdreich übrig lässt und den verschiedenen Gräsern und »Unkräutern« die Gelegenheit gibt, Samen zu entwickeln, kann sich auch ein Hausgarten in Sachen Nahrung als Eldorado für Vögel erweisen.

▲ Der Kernbeißer kann, muss aber nicht unbedingt Kirschkerne knacken, wie man hier sieht.

◀ Das Rotkehlchen hat den typischen schmalen Insektenfresserschnabel. Es kann damit aber auch Beeren bearbeiten.

Höckerschwan

Cygnus olor

Mitfahren auf Mamas Rücken: trocken, warm und sicher vor Angriffen aus der Tiefe!

Merkmale

- stattlicher, reinweißer Schwimmvogel mit langem S-förmig gebogenem Hals
- Schnabel orangefarben mit schwarzem Höcker
- schwarze Gesichtsmaske zwischen Auge und Schnabel
- Schwingen erzeugen im Flug weithin vernehmbare Pfeifgeräusche

Kaum zu übersehen ist der Höckerschwan, der im Winter oft in großen Scharen Gewässer aller Art bevölkert. Wenn sich diese Trupps dann vor der Brutzeit auflösen und die meist lebenslang zusammenhaltenden Paare an Seen und Teichen Brutreviere besetzen, zeigt besonders das Männchen nicht nur gegenüber konkurrierenden Artgenossen wenig Toleranz. Dann fährt es mit zur Imponierpose über dem Rücken hochgezogenen Flügeln unter kräftigen, gleichzeitigen Stößen beider Beine energisch auf alles los, was noch so auf der Wasserfläche herumschwimmt – seien es mögliche Wettbewerber um den Brutplatz oder harmlose Enten, Bläss- oder Teichhühner. Befindet sich der »Feind« etwas weiter entfernt, nimmt der Schwan auf der Wasseroberfläche Anlauf und fliegt mit lautem, bedrohlichem Flügelschlagen machtvoll auf den Eindringling zu. Diese ungewöhnliche Aggressivität, verbunden mit einer Körpermasse von bis zu 12 kg, die den Höckerschwan zu einem der größten flugfähigen Vögel macht, kann sich auch gegen Menschen richten.

Mit der Etablierung des Brutpaares verringert sich diese Angriffslust; das Weibchen brütet auf seiner mächtigen Burg aus allerlei Pflanzenmaterial, während das Männchen wacht. Bald nach dem Schlüpfen werden die bis zu 8, manchmal von Anbeginn weißen, in der Regel jedoch graubraunen Jungvögel von den Eltern, in deren Rückengefieder sie dann und wann »mitfahren« dürfen, zu den Nah-

Das klassische Motiv aus Lohengrin. Hier das Gemälde »Nun sei bedankt, mein lieber Schwan« von F. Leeke (1897).

Vom hässlichen Entlein zum stolzen Schwan

Die majestätische Erscheinung des Höckerschwans hat früh dazu geführt, dass er Eingang in die Mythologie fand. Es sei hier nur an Leda erinnert, der sich Zeus in Gestalt eines Schwans näherte. Ursprünglich nördlich und östlich von Mitteleuropa heimisch, wurde die Art ab Mitte des 13. Jahrhunderts zunächst in England durch die Krone angesiedelt. Noch heute wacht ein Beamter der englischen Königin nach strengen Regeln über das Wohlergehen der Höckerschwäne auf der Themse zwischen London und Oxford. Die kaiserlich preußischen Schwäne dienten neben ihrer ästhetischen Wirkung übrigens auch zur Daunengewinnung für die höfischen Betten. Dergestalt zu einem lebenden Accessoire der gehobenen Stände und ihres Lifestyles erkoren, wundert es nicht, dass der Höckerschwan auch in der Kunst seinen Platz einnimmt – so etwa in Wagners Oper »Lohengrin«, bei dessen Inszenierung der Sänger Leo Slezak einmal angesichts einer technischen Panne mit dem Bühnenschwan sein berühmtes: »Wann bitte geht der nächste Schwan?« ausrief. Aus diesem Werk rührt auch das umgangssprachliche »Mein lieber Schwan!«, während Hans-Christian Andersen die stattliche Erscheinung des erwachsenen Schwans in Gegensatz zu den unscheinbaren, entengroßen Jungvögeln stellt. Die Bezeichnung »Schwanenhals« dient der Beschreibung eines biegbaren Mikrofonträgers, indes der »Schwanengesang« von einem Ende in Schönheit kündet.

rungsplätzen geführt. Hier üben sie buchstäblich Hals über Kopf und das Hinterteil steil in die Höhe reckend das »Abgrasen« der Vegetation vom Gewässergrund. Auch tierische Nahrung wie Fischeier verschmähen sie dabei nicht. In Ruhephasen sieht man Höckerschwäne oft auf dem Wasser treiben, den Kopf ins Rückengefieder gesteckt und einen der dunklen Füße wie einen Wimpel aus dem Gefieder ragen lassend.

Über die Jahrhunderte und zuletzt besonders nach dem 2. Weltkrieg entwickelten sich die Bestände dermaßen erfolgreich, dass sich das ursprüngliche natürliche Vorkommen kaum mehr rekonstruieren lässt. Aussagen über den Wildvogel-Charakter einzelner Individuen sind daher schwer zu machen. Heute geht man jedoch davon aus, dass diese »Bevölkerungsexplosion« zu einem Abschluss gekommen ist und die Bestände sich selbst regulieren und relativ stabil bleiben.

Vor allem zu Beginn der Brutzeit kommt es oft zu aggressiven Auseinandersetzungen.

Kanadagans

Branta canadensis

Wie alle Entenvögel sind auch Kanadagänse Nestflüchter. Die Jungen werden von Gans und Ganter gemeinsam geführt.

Merkmale

- größte in Mitteleuropa frei lebende Gans
- Hals, Kopf, Schnabel und Füße schwarz
- weißer Bereich von der Kehle bis knapp unter den hinteren Scheitel
- Körpergefieder grau, braun und beige, Unterschwanz weiß
- besonders beim Fliegen nasale Rufe wie »a-honk«

Wie der Name schon sagt, handelt es sich bei der Kanadagans um eine aus Nordamerika in Europa eingebürgerte Vogelart, deren Siegeszug auf den Parkgewässern, aber auch auf natürlichen Teichen und Seen Mitteleuropas erst im 20. Jahrhundert von Schweden und England seinen Ausgang nahm. Die Kanadagans brütet in Einzelpaaren, gelegentlich auch in kleinen Kolonien in Sumpfgebieten und an den Seen des Binnenlandes (hier oft auf kleinen Inseln) und sucht ihre vegetarische Nahrung auf Grünlandflächen und abgeernteten Feldern. Während die Art in ihrer amerikanischen Heimat in mehreren, besonders hinsichtlich der Halslänge deutlich unterschiedenen Unterarten auftritt, haben sich diese Merkmale bei den Populationen in Europa durch Vermischung weitgehend ausgeglichen.

Mit der einzigen

ursprünglich heimischen Gans, der Graugans (*Anser anser*), die ihr natürliches Verbreitungsgebiet durch entkommene oder freigesetzte Tiere stark ausgedehnt hat, kommt es immer wieder zu Kreuzungen. Die Nachkommen zeigen zumeist Merkmale beider Eltern. Dabei unterscheidet sich die Graugans – die Stammform der meisten domestizierten Hausgänse – besonders durch den gedrungeneren Wuchs, den kürzeren Hals mit dicht gedrängten, feinen braunen und beigen Längsstreifen (als hätte man ein feuchtes Tuch ausgewrungen), den kräftigen orangeroten Schnabel, die fleischfarbenen Füße und das Fehlen jeglicher Schwarzfärbung.

Die Auswirkungen

eingebürgerter Arten auf die heimische Flora und Fauna – sei es durch Konkurrenz um Lebensräume und Nahrungsgrundlage oder die Vermischung mit heimischen Arten – beschäftigt inzwischen einen eigenen Wissenschaftszweig. Im Rahmen dieser Untersuchungen markiert die Arbeitsgruppe Neozoen an der Universität Rostock seit einigen Jahren in ganz Deutschland Kanadagänse mit leicht ablesbaren farbigen Halsmanschetten, um mehr über die Entwicklung der Populationen und ihre Wanderungen zu erfahren. Die Kontaktadresse zum Melden solcher Vögel findet sich im Anhang.

Im Gänsemarsch hinter den Forschern her

Der Verhaltensforscher und Nobelpreisträger Konrad Lorenz hat in seinen Untersuchungen an Graugänsen herausgefunden, dass die Gössel buchstäblich alles, was ihnen unmittelbar nach dem Schlüpfen entgegentritt und akustische oder optische Reize aussendet, als Eltern akzeptieren. Zu seiner Verblüffung wurde er allein aufgrund seiner Anwesenheit zum entscheidenden Zeitpunkt als Gänsepapa auserkoren. Wissenschaftler sprechen dabei von »Prägung«. Dem Lebewesen, auf das die Jungen geprägt wurden, folgen sie und lernen durch Nachahmung. Wichtige Teile ihres Verhaltensinventars sind also nicht angeboren, sondern müssen erst erlernt werden. Und so kann man oft bereits im April Familien im »Gänsemarsch« beobachten: die Mutter meist vorneweg, im Schlepp die 4–9 Jungvögel, und hintendran der Papa, der sich – anders als bei den Enten – an der Aufzucht der Jungen beteiligt und den Verband schützend begleitet. Es ist für Gänse charakteristisch, dass sie noch lange, oft bis ins nächste Jahr hinein, im Familienverband zusammenhalten.

► Konrad Lorenz mit den Objekten seiner Forschungen – Gänsen.

▼ Heftige Körper- und Gefiederpflege lässt bei dieser Graugans das Wasser aufspritzen.

Stockente

Anas platyrhynchos

Die Stockentenmutter führt ihre Kleinen auf den See. Papa hat längst das Weite gesucht.

Merkmale

- Männchen mit flaschengrünem, blau schillerndem Kopf, weißem Halsring und dunkelbrauner Brust
- Körperseiten hellgrau, Oberseite dunkler, Hinterteil schwarz, die 2 mittleren Schwanzfedern zu lockigen »Tollen« aufgebogen
- Weibchen stets unscheinbar braun gemustert
- schillernd blauer Flügelspiegel und orangefarbene Füße bei beiden Geschlechtern
- Schnabel des Männchens olivgrün, beim Weibchen gelblich und hornfarben

In der gesamten nördlichen Hemisphäre verbreitet, zählt die Stockente auch bei uns zum vertrauten Inventar von Parkteichen und Seen. Dabei ist den meisten besonders die Erscheinung des Männchens in seinem Pracht- oder Brutkleid vom Herbst bis ins späte Frühjahr hinein geläufig. Etwa ab Ende Mai scheinen dann keine Männchen mehr vorhanden zu sein – und tatsächlich verabschieden diese sich bald nach dem Brutbeginn, überlassen den Weibchen das Brutgeschäft und ziehen sich an ruhige Gewässer zurück, wo sie ihr Gefieder ins Schlichtkleid mausern. Dabei werfen sie alle Schwungfedern der Flügel auf einmal ab und sind daher für 4–5 Wochen flugunfähig. Das Schlicht- oder Ruhekleid, das sie dann anlegen, ist dem Gefieder der Weibchen so ähnlich, dass die Erpel in diesem Federkleid, das sie bis zum Herbst tragen, nur schwer – am besten noch an ihrer olivgrünen Schnabelfärbung – von den Weibchen zu unterscheiden sind.

Bereits im Herbst beginnt bei den Stockenten, die bei uns überwintern, die Balz, die bis in den Februar andauert. Sie vollzieht sich als Gruppenbalz, wobei sich mehrere Männchen mit ritualisierten Verhaltensabläufen wie Kopfnicken, Präsentieren des schillernden Flügelspiegels und Hoch- und

Schwer zu sagen, ob das hier mit ihrer Einwilligung geschieht!

Köpfchen in das Wasser …
Wegen der ausgedehnten Brutperiode lassen sich von etwa Mitte April bis in den August hinein Weibchen beobachten, die Junge unterschiedlicher Größe führen. Als klassische Gründelente durchseiht (»schnattert«) die Stockente die Wasseroberfläche nach tierischer Nahrung wie Insekten und Larven oder »grast« kopfunter und »Schwänzchen in die Höh'« Wasservegetation vom Gewässergrund ab. Die putzigen Wollknäuel, die anders als die Altvögel immer wieder tauchen, sind dabei eifrig bestrebt, den Anschluss an den Schof nicht zu verpassen – als wüssten sie, dass sie etwa beim Hecht durchaus auf dem Speiseplan stehen. Wenn diese Familien aus mehr als 10 Jungtieren bestehen, liegt der Verdacht nahe, dass andere Stockenten-Weibchen ihre Eier in ein fremdes Nest »verlegt« haben. Denn »Kindergärten«, wie sie bei anderen Entenarten durchaus vorkommen, gibt es bei der Stockente nicht.

Zurückreißen des Kopfes unter lautem Pfeifen um die zuschauenden Weibchen bemühen. Da die Männchen sich zwar an der Auswahl des Nistplatzes beteiligen, aus dem Brutgeschäft jedoch völlig heraushalten, finden sie noch genug Zeit, den Weibchen bis in den Frühsommer nachzustellen. Am Ende solcher Verfolgungen steht nicht selten die »Vergewaltigung« des Weibchens.

Die große Anpassungsfähigkeit der Stockente hinsichtlich ihrer Nahrung und ihrer Lebensräume hat dazu geführt, dass sie immer noch die häufigste Ente ist, obwohl sie – nicht zuletzt wegen ihres schmackhaften Fleisches – überall stark bejagt wird. Mit den von ihr abstammenden, oft weißen Hausenten kommt es immer wieder zu Kreuzungen, weshalb besonders im Umkreis menschlicher Ansiedlungen regelmäßig Farbmutanten zu beobachten sind.

Besonders in der kälteren Jahreszeit, wenn der Vogelgesang weitgehend verstummt und es in der Natur überhaupt leise wird, fallen die fast hämisch lachenden »quaak-wak-wak-wak«-Rufe der Stockentenweibchen auf, die das Stimmrepertoire eines berühmten Comic-Erpels inspiriert haben dürften. Dabei sind die Männchen gar nicht besonders stimmgewaltig und begnügen sich in der Regel mit einem leise dahinschwätzenden »räbräbräb«.

Beim Gründeln halten Stockenten durch Paddeln mit den Füßen das Gleichgewicht; hier 3 Erpel.

Reiherente

Aythya fuligula

Diese beiden Reiherenten sind offensichtlich ein Paar am Anfang der Brutzeit.

Merkmale

- gedrungene Tauchente mit kurzem, oft auf der Wasseroberfläche aufliegendem Schwanz
- Männchen bis auf die weißen Körperseiten schwarz; Weibchen Brust und Seiten warmbraun meliert, Kopf und Rücken dunkler
- Schnabel hellblau bis blaugrau mit breitem schwarzem »Nagel«
- Irisfarbe gelb

Der Federschopf, der dem Männchen vom Hinterkopf neckisch herabhängt und an die Schmuckfedern von Reihern erinnert, ist neben der kontrastreichen schwarz-weißen Färbung und dem gelben Auge das Erkennungsmerkmal dieser Tauchente. Bei den Weibchen, bei denen Kopf und Rücken dunkelbraun, Brust und Flanken dagegen braun wie noch nicht umgerührter Milchkaffee sind, ist der Schopf nur ansatzweise vorhanden. Manchmal zeigen die Weibchen rund um die Schnabelbasis weiße Bereiche, und man kann sie dann mit der verwandten nordischen Bergente verwechseln.

Schon im 19. Jahrhundert hat es in Deutschland einzelne Bruten der Reiherente gegeben, die ursprünglich vom Norden und Osten quer durch Eurasien verbreitet war. Erst im 20. Jahrhundert hat sie jedoch ihren Siegeszug auf den Gewässern Mitteleuropas angetreten. Dies wird einerseits im Zusammenhang mit der Ausweitung geeigneter Biotope durch den Ausbau von Speicherseen und Talsperren gesehen. Andererseits verschaffte ihr die explosionsartige Verbreitung der Dreikant- oder Wandermuschel – ihrer hauptsächlichen Winterkost – eine Nahrungsgrundlage. Es wird auch die These vertreten, dass Reiherenten auf den Wanderungen in die Winterquartiere selbst die winzigen Larven der Muschel in ihrem Gefieder einschleppten.

Heute trifft man

Reiherenten sogar in Parks an, wo sie sich zusammen mit Stockenten, Blässhühnern und Lachmöwen von den Menschen füttern lassen. Dass diese Fütterungen eine Gefahr für die Tiere darstellen können, weil die Parkgewässer wegen der Verkotung durch die angezogenen Vogelmassen zu »kippen« drohen, kümmert diese Nahrungs-Opportunisten wenig. Sie nehmen hier wider ihre Gewohnheit auch Brotreste an und setzen ihr Tauchvermögen ein, um die ergatterten Brocken vor angreifenden Neidern in Sicherheit zu bringen.

Eine Ente für die Tafel

Zur selben Gattung gehört die Tafelente (*Aythya ferina*), mit der die Reiherente gelegentlich Mischlinge verschiedener Färbungstypen produziert, die leicht mit anderen Entenarten zu verwechseln sind. Bei der Tafelente, die ihren Namen tatsächlich dem Umstand verdankt, dass ihr wohlschmeckendes Fleisch manche Tafel bereicherte, zeichnet sich das Männchen durch einen rotbraunen Kopf aus, der durch ein dunkelbraunes Band gegen die das graue Körpergefieder abgegrenzt ist. Dieses entsteht übrigens durch eine feine dunkle Wellenmusterung auf den hellen Konturfedern. Der Schnabel ist matt glänzend anthrazitfarben, und zwischen Nasenlöchern und Nagel liegt wie eine Gamasche ein hellblauer Bereich. Die Weibchen sind variabel brau gefärbt, charakteristisch sind Aufhellungen an der Kehle und besonders vor dem dunklen (beim Männchen roten) Auge.
Beide Arten teilen sich den Lebensraum und sind vor allem im Winter oft in großen Ansammlungen auf stehenden oder langsam fließenden Gewässern anzutreffen. Dabei geht die Reiherente mit Vorliebe tagsüber, die Tafelente, die weniger auf tierische Nahrung fixiert ist, des Nachts auf Nahrungssuche.

◄ Selten sieht man eine Reiherente so deutlich bei ihrem Nahrungserwerb unter Wasser.

▲ Tafelenten am Eisrand ihres Überwinterungsgewässers. Sie sind nicht nur hübsch sondern auch schmackhaft.

Blässhuhn

Fulica atra

Bei den Revierauseinandersetzungen der Blässhühner kommen häufig die Füße zum Einsatz.

Merkmale

- schwarzer, entengroßer Schwimmvogel mit weißem Stirnschild
- Schnabel weiß, leicht rosafarben überhaucht
- Auge rotbraun
- grünlichgraue Füße mit Schwimmlappen an den Zehen

Manche Vogelarten sind in ihrem häufigen Auftreten ein so selbstverständlicher Anblick, dass sie oft keines weiteren Blickes gewürdigt werden – zumal dann, wenn sie auch noch so wenig spektakulär gefärbt sind wie das Blässhuhn. Dabei lassen sich an dieser Art, gerade weil sie so häufig und dabei wenig scheu ist, interessante Beobachtungen machen. So etwa, wenn die Paare im zeitigen Frühjahr ihre Reviere abstecken und vehement aufeinander losgehen, sobald deren Grenzen verletzt werden.

Auch die Weibchen kämpfen mit, wenn es darum geht,

Obwohl schon bald selbstständig, müssen die Blässhuhnküken zunächst noch gehudert werden.

Eindringlinge zu vertreiben. Zunächst wird der Kopf gesenkt, das Nacken- und Rückengefieder gesträubt, und das Paar begibt sich in Richtung Eindringling. Wenn der sich in einiger Entfernung befindet, fliegen beide flach über dem Wasser auf ihn zu, wobei sie lautstark mit den Füßen auf das Wasser platschen. Die Kämpfe – die oft mit den Füßen ausgetragen werden und zu denen es kommt, wenn Droh- und Imponiergesten nicht zum Abzug der Gegner führen – hören auch nicht auf, wenn die Brutzeit angebrochen ist, was dem Blässhuhn die Attribute zänkisch und streitsüchtig eingetragen hat. Ihren 4–8 flauschigen Küken mit den orangeroten und gelben Köpfchen sind Blässhühner jedoch treu sorgende Eltern, die ihrem Nachwuchs fast pausenlos Leckerbissen vom Seegrund herauftauchen. Handelt es sich um eine 2. Brut im Jahr, können sich auch die älteren Jungvögel – erkennbar an der weißen Halsvorderseite – an der Versorgung der Kleinen beteiligen.

Durch beringte Blässhühner weiß man, dass diese Art ein so genannter Teilzieher ist, d.h. einzelne Individuen und Populationen ziehen zum Überwintern nach Südwesten, andere bleiben, bis die Vereisung der Gewässer sie dann doch zum Ausweichen zwingt. Daher ist schwer zu sagen, ob die winterlichen Vögel zur heimischen oder einer zugewanderten Population gehören – was indes Habicht und Seeadler nicht weiter stört, wenn sie sich mal ein Blässhuhn von der Wasseroberfläche oder vom Gewässerrand holen.

»Blässralle« und »Teichralle«

Eigentlich ist der Name Blässhuhn irreführend, da es sich gar nicht um einen Hühnervogel, sondern um ein Mitglied der Rallen handelt, einer weltweit verbreiteten Familie Sümpfe bewohnender Vögel. Zu dieser Familie gehört auch das Teichhuhn (*Gallinula chloropus*), das etwas zierlicher und auf dem Rücken dunkelbraun ist. Es hat einen gelben Schnabel mit glänzend scharlachroter Basis, die in einen schmalen Stirnschild übergeht. Kennzeichnend sind weiter die eine waagerechte gebrochene Linie erzeugenden weißen Striche an der Körperseite sowie die weißen Seiten des Unterschwanzes, die immer aufblitzen, wenn das Teichhuhn durch die Vegetation läuft und dabei ständig mit dem aufgestellten Schwanz zuckt. »Blässralle« und »Teichralle« haben sich stärker als ihre Verwandten an das Leben auf dem Wasser angepasst, obwohl beide ihre Nahrung auch an Land suchen. Das Teichhuhn lebt etwas zurückgezogener als das Blässhuhn und bildet auch nicht derartig große Ansammlungen, wie man sie von den winterlichen Trupps der »Schwimmralle mit der geschälten Mandel auf der Stirn« kennt.

Ein Teichhuhn bietet seinem Jungen Futter an.

Lachmöwe

Larus ridibundus

In dieser Haltung sind sämtliche Merkmale einer Lachmöwe im Brutkleid gut zu erkennen.

Merkmale

- taubengroße Möwe mit weißem Körper und hellgrauer Oberseite
- Altvögel im Frühjahr und Sommer mit schwarzbraunem Kopf
- Schnabel und Füße dunkelrot
- Jungvögel mit Brauntönen auf Rücken, Flügeldecken und am Kopf

Entgegen einem weit verbreiteten Vorurteil, das Möwen ausschließlich den Meeresküsten zuordnet, ist die Lachmöwe ein weit ins Binnenland vordringender Vertreter dieser Familie. Hier brütet sie in oftmals riesigen Kolonien an natürlichen Gewässern und Baggerseen, häufig auf Kiesinseln mit schütterer Vegetation. Die gesellige Lebensweise der Lachmöwe macht sie überall zu einem auffälligen und kaum zu übersehenden Bestandteil der mitteleuropäischen Vogelwelt.

Das beständige Krakeelen der Vögel am Brutplatz übertönt jedes andere Geräusch, und wenn durch Greifvögel oder Krähen Gefahr droht, gehen große Teile der Kolonie buchstäblich in die Luft, um den Störenfried anzugreifen und zu vertreiben. Diese nervöse Aufmerksamkeit der Lachmöwen, verbunden mit der Wehrhaftigkeit in ihrer Masse führt dazu, dass manche Vogelarten wie Blässhuhn und Reiherente, aber auch seltenere Arten wie Schwarzhalstaucher zum Brüten die Nähe und den Schutz einer Lachmöwenkolonie aufsuchen.

Zum Winter hin verlassen viele Lachmöwen das Brutgebiet und ziehen nach Südwesten. Aber Mitteleuropa erhält nun Zuzug großer Mengen von Nordosten, die bei uns ausharren, soweit die Gewässer, die sie als Ruhe- und Schlafplätze nutzen, nicht völlig zufrieren. Tagsüber verteilen sie sich in Trupps unterschiedlicher

Größe auf verschiedene Nahrungsgründe und sammeln sich mit Einbruch der Dunkelheit an ihren traditionellen, auch städtischen Schlafgewässern. In diesen oft Tausende Individuen zählenden Schlafplatzansammlungen verstecken sich hin und wieder einzelne Möwen anderer Arten, deren Auffinden selbst abgebrühte Vogelbeobachter zur Verzweiflung bringen kann.

Es war wohl die Lachmöwe mit ihrer geringen Scheu vor dem Menschen, die dem Dichter Christian Morgenstern vorschwebte, als er sein »Möwenlied« schrieb und mit großer Sympathie für diese Vögel feststellte, dass sie alle aussähen, »als ob sie Emma hießen«. Das lässt sich übrigens leicht beim Spaziergang an einer beliebigen Seepromenade oder bei einer Schifffahrt überprüfen, wo die Lachmöwen schnell herausfinden, ob es etwas Fressbares für sie gibt.

Zweierlei Arten?

Wenn im Sommer die Jungvögel die Kolonien verlassen und mit den ins Schlichtkleid mausernden älteren Vögeln auf den Gewässern, aber auch auf Äckern, Grünflächen und sogar auf Müllkippen nach Nahrung suchen, glaubt man zuerst, eine andere Vogelart vor Augen zu haben. So sehr unterscheiden sie sich mit ihrem variabel braun gescheckten Rücken und Oberflügelgefieder von den Altvögeln, deren schwarzbraune Kapuze sich dann zurückbildet und nur 2 parallele, senkrechte dunkle Striche vom Scheitel zum Auge und hinter dem Auge übrig lässt.

▲ Eine Lachmöwe in ihrem ersten Winter zeigt hier noch Reste des Jugendkleids, so am Flügelbug und den Armschwingen.

◄ Möwen sind oft wenig scheu und holen sich Futterbrocken direkt aus der Hand.

Türkentaube

Streptopelia decaocto

Dem Türkentaubenküken ist kaum anzusehen, wie hübsch es später als erwachsener Vogel sein wird.

Merkmale

- mittelgroße, zierlich gebaute Taube mit hellgrauem Gefieder
- weiß eingefasstes schwarzes Nackenband
- rötlichbraune Augen
- Handschwingen schwarzbraun, Schwanzunterseite mit viel Weiß
- Schnabel schlank und dunkel

Das plötzliche Auftreten der Türkentaube in Mitteleuropa und ihre rasante Ausbreitung ab Mitte des vorigen Jahrhunderts hat die Wissenschaft lange über die Ursachen dieses Phänomens rätseln lassen. Denn diese eigentlich im zentral- und ostasiatischen Raum beheimatete Art hatte bis ins 19. Jahrhundert in der Westtürkei und auf dem Balkan nur Vorposten, die vermutlich selbst auf die Einbürgerung durch Menschen im Mittelalter zurückgingen. Keines der bekannten Ausbreitungsmuster von Vogelarten wie von Tierarten überhaupt – vom Populationsdruck über Klimawandel bis hin zu Habitatveränderungen – schien auf die Türkentaube zuzutreffen.

Da die Balkanpopulation, von der die »Kolonisierung« Europas ihren Ausgang nahm, Ende des 19. Jahrhunderts starke Bestandseinbrüche zu verzeichnen hatte, schloss man, dass unter den übrig gebliebenen Vögeln eine genetisch angelegte Tendenz zur Wanderung nach Nordwesten überwog, die die rasche Expansion des Verbreitungsgebietes in eben dieser Richtung bewirkte. Erst nachdem die Türkentaube die Atlantikküste erreicht und auch in Großbritannien zunächst ihre Ausbreitungsrichtung beibehalten hatte, wurde Europa sukzessive auch »in der Breite« besiedelt.

Heute gehört die Türkentaube mit ihrem feinen Gurren und den klatschenden Flügelschlägen zum gewohnten Bild der Städte und Dörfer. Hier trifft man sie zumeist paarweise an, nur außerhalb der Brutzeit versammeln sich die Vögel in größeren Zahlen an geeigneten Nahrungsstellen.

Eine Besonderheit der Tauben gegenüber anderen Vogelfamilien mit Ausnahme von Flamingos und Kaiserpinguinen ist die so genannte Kropfmilch, mit der diese Vögel ihre Jungen füttern. Es handelt sich dabei um ein Sekret ihres Kropfes, dessen chemische Eigenschaften durchaus mit der Milch der Säugetiere verglichen werden können.

Lieber den Spatz in der Hand…?

Die Domestizierung der Felsentaube (*Columba livia*) und damit der »Grundstein« für die Vielfalt der heutigen Stadttauben geht auf das Ägypten 3000 Jahre vor unserer Zeitrechnung zurück. Die Taube wurde wegen ihres Fleisches geschätzt, und man nutzte ihre Ortstreue aus und siedelte sie in Türmen und Schlägen an. Bereits die Römer wussten sich die andere Seite ihrer Ortstreue, ihr Heimfindevermögen, zunutze zu machen: Die Geschichte ihrer Verwendung als Brieftaube und letztlich als Sporttaube nahm hier ihren Ausgang. Heute ist die Stadt- oder Straßentaube (*Columba livia* f. *domestica*) zum Leidwesen mancher Stadtverwaltung, die um den Erhalt ihrer kunsthistorischen Preziosen bangt und mancher wohlmeinenden Rentnerin mit Geldbußen das Füttern abgewöhnen will, so weit verbreitet, dass man die Stammform – oder wenigstens Vögel, die ihr vom Aussehen her sehr nahe kommen – nur noch an den Rändern der Kontinente und auf Inseln antrifft.

▲ Stadttauben bei der Balz. Die männliche Straßentaube (links) weist besonders am Flügel Merkmale der Stammform auf.

◄ Türkentauben sind im Siedlungsbereich des Menschen heute ein vertrauter Anblick.

So ähnlich könnte sich einer Maus der letzte Eindruck in ihrem Leben darstellen.

Turmfalke

Falco tinnunculus

Merkmale

- kleiner, schlanker Falke mit rotbrauner, dunkel gefleckter bis gebänderter Oberseite
- Oberkopf und langer Schwanz des Männchens grau, Schwanz mit schwarzer Endbinde
- Flügel lang und recht spitz
- Unterseite beige mit dunklem Tropfen- oder Strichelmuster
- dunkler Tränenstreif unter dem Auge

Der Turmfalke ist neben dem Sperber, der besonders im Winterhalbjahr die Randgebiete der Städte besucht und dann auch regelmäßig in der Nähe von Vogelfütterungen auftaucht, der einzige Greifvogel, der regelmäßig in der Nähe des Menschen lebt. Eigentlich ein Vogel offener Landschaften, dringt er auch in die Städte vor und brütet – ohne ein eigenes Nest zu bauen – an Kirchtürmen und in Mauernischen hoher Gebäude. Doch er besetzt auch verwaiste Nester von Krähen. Während er auf dem Land weitgehend von Mäusen lebt, die er oft im charakteristischen »Rüttelflug«, bei dem der Vogel auf der Stelle zu stehen scheint, aufspürt und dann nach einem Sturzflug in Etappen schlägt, nimmt er in der Stadt auch Kleinvögel, die er bodennah überrascht. Anders als manche anderen Falken ist der Turmfalke kein ausgeprägter Luftjäger. Es wird auch berichtet, dass er mitunter Nester von Stadttauben ausnimmt.

Um das Gelege und die Jungvögel kümmert sich das Weibchen allein. Dem – wie bei Greifvögeln üblich – stets kleineren Männchen, das Jäger und Falkner »Terzel« nennen, obliegt das Heranschaffen der Nahrung für die ganze

Familie. Die Beute wird am Nestrand an das Weibchen übergeben, das den Ertrag verteilt. Dieser erhebliche Futterbedarf bedeutet für städtische Turmfalken, dass sie oft weite Strecken zurücklegen müssen, um ergiebige Nahrungsgründe zu erreichen. Daher kann man sie gut über größeren Parkanlagen mit mäusereichen Freiflächen und auf einzeln stehenden Bäumen ansitzend beobachten.

Raubvögel oder Greifvögel?
Jahrhundertelange Verfolgung der auf Wirbeltiere als Nahrung angewiesenen und deshalb von Jägern oft als Konkurrenten angesehenen Vogelarten sowie der negative Einfluss industrieller Giftstoffe auf ihren Bruterfolg haben die Bestände der Habichtartigen wie der Falken überall stark zurückgehen, mancherorts sogar zusammenbrechen lassen. Ähnlich wie bei den Sprachregelungen der political correctness wurde daher versucht, dem mit dem Begriff »Räuber« verbundenen schlechten Image dieser Vogelfamilien entgegenzuwirken und das weniger negativ besetzte »Greifvögel« durchzusetzen. Als Beutegreifer der Lüfte genießen sie nunmehr da und dort Schutz, und der Ausweitung ihrer Verbreitung gilt manches Förderprogramm. Dass der Turmfalke in diesem Zusammenhang eher selten genannt wird, liegt wohl an der generell geringen Größe seiner Beute und besonders an seiner Bedeutung als Mäusevertilger.

Anders als die so genannten Habichtartigen (Adler, Bussarde u.a.), die ihre Beute mit den Fängen greifen und durch »Erdolchen« ins Jenseits befördern, tötet der Turmfalke seine Opfer mit dem Schnabel. Dazu dient ihm eine anatomische Besonderheit: der »Falkenzahn«, ein Höcker an der Schneidekante des Oberschnabels, dem eine Einkerbung am Unterschnabel entspricht. Mit diesem Werkzeug gelingt es ihm, den finalen Biss ins Genick einer Maus oder eines Vogels sicher und ohne abzugleiten auszuführen.

Ein Turmfalkenmännchen mit Beute (oben). Und jetzt ab zum Nest, wo das Weibchen die Beute gleich an den hungrigen Nachwuchs verteilt (rechts).

Ein Waldkauz der rotbraunen Morphe in seinem Tageseinstand.

Waldkauz

Strix aluco

Merkmale

- Nachtvogel mit nach vorne gerichteten, dunklen Augen
- Gefieder mit brauner oder grauer Rindenmaserung
- einzelne helle »Lichtflecken« auf Schultern und Flügeldecken
- hellerer Gesichtsschleier
- keine »Federohren«

Kaum ein Film, dem es auf unheimliches nächtliches Ambiente ankommt, verzichtet darauf, entsprechende Szenen mit Rufen des Waldkauzes zu unterlegen.
So sehr sind diese zum akustischen Symbol des Grauens geworden, dass man sogar dann gern darauf zurückgreift, wenn diese Eulenart am Ort der Handlung eigentlich gar nicht vorkommt. Grundlage dieser verbreiteten Angstvorstellungen, die sich mit Eulen allgemein und dem Waldkauz im Besonderen verbinden, ist ihre zumeist nächtliche Lebensweise, die dem Aberglauben allerlei Ansatzpunkte bot. Darüber hinaus erinnert der Bau des Eulenkopfes mit seinen nach vorne gerichteten Augen und dem charakteristischen Gesichtsschleier an menschliche Gesichtszüge, sodass – zusammen mit dem häufigen Vorkommen des Waldkauzes auf Friedhöfen mit alten Laubholzbeständen sowie der menschlichen Neigung, aus Vogelrufen sprachliche Äußerungen herauszuhören – aus dem »Kjuitt« des Weibchens schnell ein lockendes »Komm mit!« wurde. Und so gilt der Waldkauz da und dort immer noch als Grab- und Totenvogel.
Der Waldkauz ist nur schwer zu entdecken, da er als »Nachteule« den Tag im Schutz von Bäumen ver-

schläft, wo er reglos aufrecht nahe am Stamm auf einem Ast sitzt und das sommerliche diffuse Licht- und Schattenspiel der Blätter die Konturen seines Gefieders auflöst. Hinweise auf seine Gegenwart geben dann häufig Kleinvögel, die – haben sie ihn einmal entdeckt – mit großem Gezeter auf ihn »hassen«. Man könnte hier direkt von einer Art »Mobbing im Tierreich« sprechen. Die Eule lässt das aber in der Regel stoisch über sich ergehen, denn ihre Zeit kommt erst um den Sonnenuntergang herum, wenn sie sich auf die nächtliche Jagd begibt.

»Ästlinge«
Junge Waldkäuze verlassen das Nest bzw. die Bruthöhle, bevor sie flügge sind, und hocken dann in der Regel auf Ästen herum, von denen aus sie ihre Eltern eindringlich fiepend auf ihren Appetit aufmerksam machen. Manchmal kann man diese »Ästlinge« auch am Boden sitzend auffinden und dem Eindruck erliegen, sie seien aus dem Nest gefallen und die Eltern kümmerten sich nicht mehr um sie. Dieser Eindruck täuscht jedoch, und daher kann man solche Jungkäuze getrost ihrem Schicksal überlassen – es sei denn, sie sind dort in Reichweite von Feinden wie etwa Hunden. Dann kann man sie auf einen höheren Ast setzen. Das Problem, dass sie danach von ihren Eltern nicht mehr angenommen würden, gibt es bei Vögeln – anders als bei Säugetieren – nicht. Vielleicht deshalb, weil die meisten nur schlecht riechen können. Aber Vorsicht ist hier dennoch angezeigt, denn auch junge Waldkäuze sind sehr wehrhaft und verfügen mit ihren scharfen Krallen über gefährliche Waffen, die schon manchem Tierfreund schlimme Verletzungen eingetragen haben.

Das Beutespektrum des Waldkauzes ist dabei unerhört breit, wie man aus der Untersuchung seiner »Gewölle« weiß. Dies sind filzige, oft würstchenförmige Ausscheidungen mit den unverdaulichen Resten seiner Nahrung (Knochen, Fell, Federn), die er durch den Schnabel auswürgt. Während »Wald«-Waldkäuze sich vorwiegend von Mäusen und anderen Nagetieren ernähren, haben sich »Stadt«-Waldkäuze stärker auf Kleinvögel wie Sperlinge, Finken und Meisen spezialisiert – kein Wunder also, dass sie nicht wirklich große Sympathie bei den Kleinvögeln genießen. Aber auch andere, kleinere Eulenarten wie Sperlingskauz und Raufußkauz sind vor seinen Angriffen nicht gefeit, sodass diese Arten in Waldkauzrevieren nur selten vorkommen.

Hat man Glück und entdeckt in der Dämmerung einen Waldkauz, der sich auf die Nahrungssuche macht, so wird man bei Windstille sogar feststellen können, dass er beim Fliegen keinerlei Geräusch macht. Die besondere Struktur des Eulengefieders verhindert, dass der vorbeistreichende Luftzug akustisch Vernehmbares anrichtet – eine für die Beute fatale Erfindung der Natur.

Waldkauz-Ästlinge sehen niedlich, aber nicht besonders intelligent aus. Aber Vorsicht: Sie sind recht wehrhaft.

Elster

Pica pica

Merkmale

- schwarzweißer Krähenvogel
- Bauch und Schultern weiß
- übriges Gefieder schwarz, metallisch grünblau schillernd
- Schwanz lang und gestuft
- relativ lange schwarze Beine, kräftiger Schnabel

Elstern sieht man selten allein, sie treten in ihrem Revier in der Regel paarweise oder – nach der Brutzeit – im Familienverband auf. Zum Winterhalbjahr hin lösen sich die Familien auf, und die Jungvögel sammeln sich und bilden mit Nichtbrütern, d.h. Vögeln aus den vergangenen Brutzeiten, die kein Revier erobern konnten, noch größere Trupps mit bis zu 200 Mitgliedern. Diesen können sich dann auch einzelne Reviervögel anschließen.

Ein Revier zu erobern ist das Wichtigste im Leben der Elstern, denn es ist die Voraussetzung, sich fortpflanzen zu können. Paare, die ein Revier besetzt haben, müssen es ständig gegen die Versuche revierloser Vögel verteidigen. Oft sind es ganze »Abordnungen« aus den Junggesellentrupps, die sich zu regelrechten

Bei dieser Elster sieht man das Schillern im Gefieder besonders deutlich.

Überfällen zusammenschließen. Dabei gehen die Revierinhaber besonders vehement gegen Eindringlinge des eigenen Geschlechts vor – gegenüber Weibchen etwa, die im Zuge solcher Eroberungsversuche im Revier erscheinen, verhält sich das revierhaltende Männchen toleranter ...
Elstern sind außerordentlich ortstreu. Haben sie ein Brutrevier erobert, verlassen sie in unseren Breiten den näheren Umkreis kaum einmal. Ist das Revier nicht optimal, kommt es zu Versuchen einzelner Vögel, sich zu »verbessern« und ihr Glück an anderer Stelle zu versuchen. Ansonsten aber gehen die Partner dauerhafte Verbindungen ein, und nur wenn einer umkommt, rückt – allerdings sehr zügig und in der Regel noch am selben oder spätestens am nächsten Tag – ein Vogel aus dem Reservoir der Junggesellen nach.

Intelligente Vögel

Elstern gelten – wie die Rabenvögel, zu denen sie gehören, überhaupt – zurecht als besonders neugierig und intelligent. Sie verstecken nicht nur regelmäßig Nahrung (wobei sie eigens darauf aufpassen, von niemandem beobachtet zu werden), sondern finden sie auch zuverlässiger wieder als andere Vögel, die das gleiche Verhalten an den Tag legen. Das Ortsgedächtnis – eine Art von Erinnerungsvermögen – ist bei ihnen also besonders ausgeprägt.
Neuere Versuche mit Elstern haben gezeigt, dass sie gezielt nach Gegenständen suchen, die man vor ihnen versteckt hat. Ein Verhalten, das sie ansonsten nur mit den Primaten und Hunden teilen. Es stellte sich auch heraus, dass sie sich – anders als etwa Wellensittiche, die in ihrem vorgehaltenen Spiegelbild immer einen anderen Vogel zu sehen glauben –im Spiegelbild erkennen können. Die »Versuchsvögel« fingen an, sich (!) zu putzen, nachdem sie in ihrem Spiegelbild eine Verschmutzung feststellt hatten – Beleg für eine wenigstens rudimentäre Form von »Selbstbewusstsein«.

Für ihre 1 Jahresbrut

mit 5–8 Eiern legen Elstern in Bäumen und großen Sträuchern aus Reisig ein etwa basketballgroßes kugelförmiges, also nach oben geschlossenes Nest mit seitlichem Eingang an, dessen Boden sie mit einer Schicht aus Lehm auskleiden. Ob sie dabei auch ihrem wohl auf die gleichnamige Oper von Gioacchino Rossini zurückgehenden Ruf als »diebische Elstern« gerecht werden und tatsächlich glänzende Gegenstände in den Koben eintragen, ist umstritten. Fotos, die dies belegen sollten, wurden jedenfalls als Fälschungen entlarvt.

▲ Im Flug wirken Elstern dagegen zumeist rein schwarz-weiß.

► Vor dem Laubaustrieb kann man die großen, kugeligen Elsternester noch gut erkennen.

Nicht oft stellt sich ein Eichelhäher so in seiner ganzen Farbenpracht zur Schau.

Eichelhäher

Garrulus glandarius

Merkmale

- Grundfärbung rötlichbraun, schwarzer Bartstreif
- Scheitel und Stirn weißlich mit schwarzen Stricheln
- Flügel schwarz mit weißem Armfleck
- blau und schwarz gebänderte Flügeldecken
- Bürzel weiß, Schwanz schwarz

Mehr als die anderen einheimischen Krähenvögel ist der Eichelhäher, auch wenn er inzwischen in Parks und gelegentlich sogar Gärten auftritt, ein Vogel der Wälder. Hier wird man oft erst durch seine krächzenden Warnrufe auf ihn aufmerksam, auf die auch die anderen Vögel reagieren. Wenn er dann etwas schwerfällig und scheinbar unbeholfen in Wellenlinien zum nächsten Baum fliegt, fallen neben der kontrastreichen braun, schwarz und weißen Färbung mit den dicht blauschwarz gebänderten Flügeldecken (die zusammen mit den »Lockenfedern« von Stockentenerpeln so manchen auf »naturnah« getrimmten Hut schmücken) die ziemlich runden Schwingen auf, die eine Anpassung an das Leben im Wald darstellen. Dort verhelfen sie dem Eichelhäher zur nötigen Wendigkeit. Für einen längeren Streckenflug sind sie jedoch weniger geeignet, sodass ziehende Eichelhäher das Überfliegen größerer Wasserflächen zu vermeiden suchen. Selbst wenn in Invasionsjahren im Herbst Eichelhäher aus dem Norden und Osten in großen Zahlen bei uns durchziehen, erlebt man sie doch nie als Masse, da sie einzeln nacheinander von Gehölz zu

Gehölz fliegen und sich nur selten als Trupp sehen lassen. Im offenen Gelände fühlen sie sich jedenfalls nicht besonders wohl.

Während der Brutzeit und der Aufzucht der 5–6 Jungvögel verhalten sich Eichelhäher weitgehend unauffällig. Da sie nicht nur Insekten, Mäuse und andere Kleintiere fressen, sondern wie Elstern auch die Nester anderer Singvögel ausnehmen und, wenn sich die Gelegenheit bietet, selbst flügge Tiere greifen, haben sie sich einen schlechten Ruf erworben und wurden heftig verfolgt und intensiv bejagt. Im Herbst erweitern Eichelhäher ihr Nahrungsspektrum und machen sich über die reifen Baumfrüchte, Bucheckern, Nüsse und besonders Eicheln her (daher ihr deutscher Name!), die sie übrigens nicht mit dem Schnabel aufhacken, sondern deren Schale sie regelrecht »aufbeißen« und ablösen, um darauf den Kern zu verzehren.

Ein weiteres interessantes Verhalten des Eichelhähers ist das »Einemsen«. Die Vögel suchen dabei Ansammlungen baumbewohnender Ameisen auf, ducken sich mit ausgebreiteten Flügeln und gespreiztem Schwanz hinein und lassen sich von den empört reagierenden Insekten mit ihrer Säure besprühen. Man nimmt an, dass diese Prozedur gegen Parasitenbefall wirksam ist.

Vögel als Forstwirte

Große Teile der herbstlichen »Ernte« werden als Wintervorrat im Boden eingraben. Dabei können Eichelhäher bis zu 12 Eicheln in ihrem äußerst dehnbaren Kropf transportieren – die letzte tragen sie im Schnabel. Sie hacken mit dem Schnabel Löcher in den Boden, geben die Früchte hinein und decken sie mit Laub und Erde wieder zu. Pro Monat werden so von einem Vogel Tausende von Früchten vergraben – kein Wunder, dass sie über den Winter eine ganze Reihe von Verstecken nicht mehr wieder finden und sich so letztlich um die Verbreitung der Bäume verdient machen. Es wird sogar die These vertreten, dass sie bei der Ausdehnung der Laubwälder nach der letzten Eiszeit eine wichtige Rolle spielten.

▲ Auch und besonders beim Baden sollte man seine Umgebung stets genau im Auge behalten.

◀ »Eine geht immer noch«, scheint dieser Vogel zu denken. Er sammelt die Eicheln in seinem Kropf, bevor er sich ans Verstecken macht.

Rabenkrähe

Corvus corone corone

Rabenkrähen besitzen einen kräftigen, etwas klobig wirkenden Schnabel.

Merkmale

- kräftiger schwarzer Rabenvogel
- kleiner als Kolkrabe
- schwarzer Schnabel mit gebogenem First
- schwarze Beine mit »Federhosen«

Die Rabenkrähe wird weithin als Unterart der Aaskrähe angesehen, die in ihrem riesigen Verbreitungsgebiet durch ganz Eurasien in 2 Farbvarianten auftritt, nämlich als schwarze Rabenkrähe sowie als Nebelkrähe (*C. c. cornix*), bei der nur Kopf, Brust, Schwingen und Schwanz schwarz sind, deren Körpergefieder dagegen grau ist. Wo die beiden Formen aufeinander treffen, ist eine schmale Zone entstanden, in der es zu Kreuzungen mit unterschiedlichen Grauanteilen im Gefieder kommt. In Deutschland verläuft die Grenze von Schleswig-Holstein südwärts die Elbe entlang. Östlich dieser Linie, aber auch in Italien und auf dem Balkan, trifft man die Nebelkrähe an, im Westen die Rabenkrähe, deren Verbreitungsgebiet Mittel- und Westeuropa, die Iberische Halbinsel und England umfasst.

Während die Brutpaare der Aaskrähen in ihren Revieren recht unauffällig ihrem Brutgeschäft nachgehen, sind die Junggesellentrupps, die in offenen Landschaften herummarodieren und überall auftauchen, wo es etwas Fressbares gibt, kaum zu übersehen. Als Allesfresser, zu deren Speiseplan sowohl Feldfrüchte als auch Hausabfälle, Kleintiere und Kadaver gehören, haben sie relativ wenig Probleme, ihren Lebensunterhalt zu bestreiten, was ihnen anscheinend genug freie Zeit lässt, auch nicht unmittelbar dem Nahrungserwerb dienliche Verhaltensweisen an den Tag zu legen.
Wenn man solche Krähenschwärme beobachtet, drängt sich immer wieder der Eindruck auf, dass sie nach dem Motto »Gib Gas, ich will Spaß!« zu allerlei spielerischem Unsinn aufgelegt sind. Sei es, dass sie zu einem überfliegenden Greifvogel aufsteigen und ihn durch Zwicken in Schwanz und Bürzel nerven oder auch nur bei starkem Wind mit großem Genuss ihre Flugfertigkeiten erproben.

Im Winterhalbjahr erhält Mitteleuropa starken Zuzug nordöstlicher und östlicher Krähenpopulationen, die besonders durch ihre allabendlichen Flüge zu den Gemeinschafts-Schlafplätzen in Parks, Friedhöfen und Feldgehölzen auffallen. Hier kann man unter den Aaskrähen dann häufig die hierzulande als Brutvogel selten gewordene Saatkrähe (*Corvus frugilegus*) mit ihrem längeren, dolchförmigen Schnabel mit grauweißer Basis entdecken. Neben dieser in Kolonien brütenden Art schließen sich den Schlafplatz-Gemeinschaften auch Dohlen (*Corvus monedula*) an, kleinere schwarze Rabenvögel mit silbergrauem Hinterkopf und einer weißlichen Iris. Auch Dohlen brüten in Kolonien, allerdings suchen sie dazu Fels- und Mauernischen auf, sodass sie da und dort an Kirchtürmen anzutreffen sind.

Wahre Pech- oder Unglücksvögel

Traditionell als Unglücksvögel sowie als Landwirtschafts- und Jagdschädlinge angesehen, blicken die Krähenvögel insgesamt auf eine lange Geschichte von Verfolgungen zurück. Da man mit Wanderfalke und Habicht ihre Hauptfeinde zurückgedrängt hat und sie überdies allerorten eine reiche Nahrungsgrundlage vorfinden, können besonders die Nichtbrütertrupps, die »Brutvogelreserve«, stattliche Zahlen erreichen. Will man die Krähenbestände wirksam kontrollieren, wird man um einen regelrechten Vernichtungsfeldzug nicht umhinkönnen. Seit der Unter-Schutz-Stellung der Vögel durch die EU darf dieser jedoch nur aufgrund spezieller Genehmigungen und »ökologisch korrekt« nach der Wildtier-Schlachtordnung erfolgen.

▲ ◀

Die nackte, grauweiße Schnabelbasis zeichnet erwachsene Saatkrähen aus. Junge Vögel sind hier noch dunkel befiedert und daher schwer von Rabenkrähen zu unterscheiden.

▲

Nach einem Grillfest beteiligt sich eine Dohle an den Aufräumarbeiten.

◀

Nebelkrähen fallen durch ihre grauen Gefiederpartien auf.

Junge Buntspechte haben – anders als ihre Eltern – einen gänzlich roten Scheitel.

Buntspecht

Picoides major

Merkmale

- drosselgroßer schwarzweißer Specht
- Oberseite bis auf die weißen Schultern schwarz
- Männchen mit rotem Nackenfleck
- leuchtend rote Unterschwanzdecken; Unterseite bis zu den Wangen weiß
- schwarze Zeichnung vom Schnabel zum Flügelbug und vom Nacken zur Brustseite

Gärten, Parks und Anlagen mit nicht zu jungem Baumbestand sind die Orte, an denen man den Buntspecht in den Städten regelmäßig antrifft. Seine Anwesenheit verrät er durch sein charakteristisches Klopfen, und wenn man in Richtung dieser Geräusche blickt, entdeckt man ihn zumeist in der typischen Haltung an einem Stamm oder Ast: Mit den relativ kurzen, aber kräftigen Füßen an Rinde oder Holz festgekrallt, den Schwanz als Stütze eingesetzt, sodass er mit dem Kopf frei ausholen und den Untergrund mit dem Schnabel bearbeiten kann, um unter der Rinde und aus dem Holz Käfer und Insektenlarven herauszuholen.

Für diese Art der Nahrungsbeschaffung an oftmals vertikalen Holzstrukturen verfügt der Buntspecht über einige besondere Anpassungen: Da sind zunächst einmal die Füße, bei denen 2 Zehen nach vorne weisen und 1 nach hinten, während die 4. frei beweglich ist, was es ihm erlaubt, sich wie mit einem Steigeisen am Baum auf und ab zu bewegen. Für das Aufmeißeln auch von hartem Holz verfügt der Buntspecht über einen kräftigen Schnabel, dessen Schläge durch eine federnde Verbindung mit dem kräftigen Schädel gemildert werden,

Buntspecht – Grünspecht – Grauspecht

Während das Nahrungsspektrum des Buntspechts als »Baumspecht« äußerst breit gefächert ist – neben Insekten, Früchten und Baumsäften nimmt er auch Nüsse und Zapfen, deren harte Schalen und Schuppen er in »Spechtschmieden« aufbricht –, ist der Grünspecht (*Picus viridis*) auf Ameisen spezialisiert, die er mit seiner bis zu 10 cm langen Zunge aus ihren Kolonien herausleckt. Daher trifft man ihn auch eher am Boden an. Wie der Name schon sagt, ist dieser »Erdspecht« auf der Oberseite grün, und auch der Bürzel ist grünlichgelb, Scheitel und Nacken sind dagegen leuchtend rot. Der Bereich um das Auge mit der weißen Iris sowie der Bartsteif präsentieren sich schwarz. Beim Männchen ist der Streif im Zentrum rot, woran man es sofort vom sonst ähnlichen Grauspecht (*Picus canus*) unterscheiden kann.

▲ Ein Buntspechtmännchen an der Winterfütterung zeigt gerade noch seinen roten Nackenfleck.

► Grünspechte zählen zu den Erdspechten – wie dieses Männchen deutlich zeigt.

sodass das Hirn durch die Stöße nicht Schaden nimmt. Eine extrem lange Zunge mit Widerhaken an der Spitze lässt den Insekten und Larven unter der Rinde und in den aufgehämmerten Gängen im Holz kaum eine Chance. Ist er mit seiner Arbeit fertig, wechselt der Buntspecht in seinem charakteristischen Wellenflug den Standort und steuert den nächsten Baum an.

Besonders im Frühjahr, zu Beginn der Brutsaison, nutzt der Buntspecht seine Technik des Nahrungserwerbs, um mit Trommelwirbeln sein Revier anzuzeigen und Weibchen anzulocken. Dann muss die Unterlage auch nicht unbedingt aus Holz sein, Hausantennen und Blechdächer erweisen sich oft als noch bessere Resonanzkörper! Seine Bruthöhle für die 5–7 – wie für Höhlenbrüter üblich – weißen Eier baut der Buntspecht sich in zimmermännischer Manier jedes Jahr neu, weshalb ihm eine besondere Bedeutung für andere Höhlennutzer wie Meisen und Kleiber, aber auch für Säugetiere wie den Siebenschläfer zukommt, denen er durch sein emsiges Wirken bezugsfertige, aber nicht unbedingt besenreine Wohnstätten hinterlässt.

Kleiber

Sitta europaea

Merkmale

- Größe wie Sperling, jedoch gestreckter wirkend, kurzer Schwanz
- oben blaugrau, unten cremefarben bis kastanienbraun
- Kehle und Wangen weiß, schwarzer Augenstreif
- kräftiger Schnabel, der als »Verlängerung« des Augenstreifs noch mächtiger wirkt
- laute, weithin vernehmbare »titi-tirr«-Triller und »tuit-tuit«-Rufe

Aufmerksam wird man auf den Kleiber ab Februar bei Spaziergängen in lichten Wäldern und Parks mit altem Baumbestand durch seine hellen Pfiffe, die sich anhören, als ob ein junger Mann einem Mädchen nachpfeifen würde. Um den Vogel zu finden, muss man freilich die Stämme und Äste der Bäume absuchen, denn der Kleiber klopft hier die Rinde nach Insekten und Spinnen ab. Mit etwas Glück wird man ihn dann in einer etwas schräg zur Senkrechten versetzten Haltung am Stamm entdecken.

Typische Haltung des Kleibers am Baum: Hängebein, Stützbein und der Schwanz frei strebend. Das macht ihm keiner nach!

Sein gedrungener Körperbau ist mit den kurzen, aber kräftigen Beinen und den langen Zehen ganz auf das Klettern an Bäumen eingerichtet, wobei er sich als einzige Vogelart bei uns nicht nur aufwärts, sondern auch kopfüber abwärts fortbewegen kann. Anders als Spechte und Baumläufer nimmt er dabei den kurzen Schwanz nicht als Stütze zu Hilfe – daher die unter unseren Vögeln einzigartige Kletterhaltung am Baum: Der obere Fuß trägt das Gewicht, mit dem unteren stützt sich der Vogel ab.

Wenn im Herbst die Rufintensität zurückgeht, können zarte klopfende Geräusche aus dem Gehölz ein Hinweis auf die Anwesenheit des Kleibers sein. Denn zu seinem Nahrungsspektrum zählen nicht nur Insekten. Nüsse und Sämereien stehen ebenfalls auf seinem Speiseplan, was es ihm auch erlaubt, im Winter bei uns zu bleiben. Er zieht dann mit Kleinvogeltrupps durch die Wälder, besucht aber auch gerne Futterstellen, wo er sich besonders an den Sonnenblumenkernen bedient. Die trägt er zum nächsten Baum, klemmt sie in eine Rindenspalte und hämmert sie mit seinem kräftigen Schnabel auf. Zusammen mit seiner kleinen Erscheinung hat dieses Verhalten ihm mancherorts den Namen »Spechtmeise« eingetragen, obwohl er keine Meise und schon gar kein Specht ist!

Mörteln für den Bruterfolg

Der Name Kleiber rührt von einer Besonderheit seines Nestbauverhaltens her: Seine Nisthöhlen in alten Bäumen, die er oftmals von Spechten oder als Nachmieter von Käuzen übernimmt, gestaltet dieser kleine Vogel für seine Bedürfnisse passend, indem er das Einflugloch mit Lehm so weit zuklebt, dass gerade er noch hineinschlüpfen kann. Dadurch macht er es Nestkonkurrenten wie dem Star und Fressfeinden wie dem Baummarder schwer, die Höhle zu besetzen oder gar die Brut auszunehmen. Ein Kleiber soll sogar einmal ein Raufußkauzweibchen in einer von ihm beanspruchten Höhle eingemauert haben. Gegen Spechte zieht er aber meist den Kürzeren, da diese mit ihren kräftigen Schnäbeln durchaus in der Lage sind, den betonharten Eingang aufzumeißeln.

▲ So, das Einflugloch ist jetzt klein genug vermörtelt. Größere Vögel kommen da nun nicht mehr rein! Konkurrenz ausgeschaltet!

▶ Die Abfallprodukte der »kleinen Scheißer« müssen regelmäßig entsorgt werden.

Nur wegen des direkten Lichteinfalls hebt sich der Gartenbaumläufer hier gut von der Rinde ab.

Garten-baumläufer

Certhia brachydactyla

Merkmale

- kleiner als ein Kleiber, mit rindenfarbener Oberseite
- Unterseite weißlich, Flanken bräunlich
- feiner Schnabel länglich und abwärts gebogen
- kurze Beine mit kräftigen Zehen
- relativ langer Schwanz aus zugespitzten Stützfedern

Der Gartenbaumläufer ist bestens angepasst an ein »Leben in der Vertikalen« – nämlich dem an Bäumen. Oft wird man seiner erst gewahr, wenn ein kleiner, brauner, länglicher Vogel hoch vom Stamm des einen Baumes rasch an die Basis eines anderen fliegt und sich von dort nach Spechtmanier hüpfend und mit den versteiften Schwanzfedern abstützend spiralförmig nach oben aufmacht. Unterwegs untersucht er mit seinem feinen spitzen Schnabel immer wieder die Ritzen und Schrunden der Rinde, um kleine Insekten und Spinnen wie mit einer Pinzette ans Tageslicht zu fördern und zu vertilgen. Der Gartenbaumläufer nistet auch in Höhlungen hinter der Borke, weshalb er auf relativ alte Baumbestände angewiesen ist. So siedelt er sich mit Vorliebe in Laubwäldern und Gehölzen an, hat aber auch die Städte erobert, wo sich ihm diese Voraussetzung bietet.

Erst Mitte des 19. Jahrhunderts entdeckte der Vater des berühmten Zoologen Alfred Brehm, Christian Ludwig Brehm (der sich ähnlich auch um die Unterscheidung von Sumpf- und Weidenmeise verdient gemacht hat), dass nicht alle einheimischen Baumläufer Gartenbaumläufer sind, sondern dass es Unterschiede im Gesang und im jeweils bevorzugten Lebensraum gibt. Der solchermaßen identifizierte, äußerst ähnliche Waldbaumläufer (*Certhia familiaris*) erscheint selten in den Städten, sondern bewohnt Nadel- und Mischwälder und steigt in den Bergen bis zur Waldgrenze an, toleriert also raues Klima besser als der Gartenbaumläufer, der eher die klimatisch günstigeren Biotope besetzt.

Heute weiß man, dass Garten- und Waldbaumläufer Zwillingsarten sind, die sich während der Eiszeit in getrennten Refugien aus einem gemeinsamen Vorfahren, einem »Urbaumläufer«, entwickelt haben müssen. So vermutet man, dass der Gartenbaumläufer sich während der Vereisung auf der Iberischen Halbinsel herausbildete und danach sein Verbreitungsgebiet in Mitteleuropa bis zu Nord- und Ostsee ausdehnte, während der Waldbaumläufer aus südöstlichen Gebieten bis nach Nordeuropa vorstieß. In Mitteleuropa sowie auf dem Balkan kommen beide Arten nebeneinander vor. Dass sie sich hier nicht vermischen – auch wenn gelegentlich ein Vogel den Gesang der anderen Art anstimmt – belegt und stellt sicher, dass es sich um eigene Arten handelt.

Dem Winter trotzen

Als Insektenfresser haben beide Baumläuferarten natürlich im Winter ein Problem, dem wenigstens die Populationen Mitteleuropas nicht dadurch begegnen, dass sie in den Süden ziehen. Vielmehr bleiben sie in der Nähe des Brutgebiets und streifen – oft mit anderen Kleinvögeln vergesellschaftet – durch die Wälder, in denen sie offenbar genug Spinnen und Insekten finden. An Futterplätzen erscheinen sie nur ausnahmsweise und dann wohl auch nur, wenn der Wintervogeltrupp dort einfällt, Meisen und andere sich an der Körnernahrung gütlich tun und die Baumläufer derweilen die Rinde der nahen Bäume inspizieren. Kalte Nächte verbringen Baumläufer regelmäßig zu mehreren dicht aneinandergekuschelt in Höhlungen hinter der Rinde, der sie auch farblich so perfekt angepasst sind.

▲ ►
Eng zusammengekuschelt trotzen Baumläufer der Kälte.

►
Anders als der Kleiber stützen sich Baumläufer – hier der Waldbaumläufer – mit dem Schwanz am Stamm ab.

Ein Amselmännchen beim Baden. Aufmerksam sichert es nach allen Seiten.

Amsel

Turdus merula

Merkmale

- Männchen schwarz, mit gelbem Schnabel und Lidring
- Weibchen oberseits dunkelbraun, schwach gefleckte braune Brust
- Schnabel des Weibchens hornfarben; Kehle aufgehellt
- Jungvögel bis auf die dunklen Flügel auf ingwerfarbenem Grund dunkel gefleckt bis gebändert

Bei der Amsel oder Schwarzdrossel dürfte es sich wohl um den bekanntesten Vertreter der einheimischen Vogelwelt handeln. Anders als der Reim »Amsel, Drossel, Fink und Star...« nahe legt, gehört sie innerhalb der Familie der Drosselvögel, von denen wir mit dem Rotkehlchen, den Rotschwänzen und dem Artenpaar Nachtigall und Sprosser noch einige der kleineren Repräsentanten kennen lernen werden, zu den so genannten eigentlichen Drosseln, einer Gattung mittelgroßer Vögel, die besonders Wälder und Gehölze bewohnen und ihre Nahrung bevorzugt auf dem Boden suchen.

Die Amsel hat sich schon vor langer Zeit die Städte und Dörfer als Lebensraum erobert und die Scheu vor dem Menschen, welche die Waldpopulationen immer noch auszeichnet, verloren. So legt sie ihr stabiles, napfförmiges Nest nicht nur in urbanen Bäumen und Sträuchern an, sondern auch in Mauerspalten, auf Fenstersimsen und sogar auf Balkonen. In den Ortschaften findet sie natürlich andere Lebensbedingungen vor als in der freien Natur, was zu einer Reihe von Anpassungen geführt hat: Da die Winter hier milder ausfallen und Futter z.B. an Beerensträuchern und Vogelhäuschen leichter zu finden ist, versuchen mehr Vögel auszuharren und nicht Richtung Süden auszuweichen, was mit gewissen Risiken verbunden ist, ihnen aber, haben sie den Winter überlebt, bei der Revierbesetzung im Frühjahr Vorteile verschafft. Auch das regelmäßige Auftreten von »Weißlingen«, Mutationen mit variabel ausgedehnten weißen Gefieder-

Die Amselmutter bringt Würmer zum Nest, das direkt an ein Haus gebaut ist.

partien, spiegelt Unterschiede der Lebensräume wider: In der Stadt fehlen eben weitgehend Fressfeinde wie der Habicht, die durch solche Auffälligkeiten sofort auf eine Mahlzeit aufmerksam gemacht würden.

Amseln besetzen ihre Reviere paarweise, verteidigen sie heftig gegen Eindringlinge und ziehen in 2–3 Jahresbruten ihre jeweils 4–6 Jungen vor allem mit Regenwürmern auf.

Drastische Verteidigungsmethoden

Verglichen mit der Amsel ist die Wacholderdrossel (*Turdus pilaris*) ein geselligerer Vogel. Sie ist erst in den letzten Jahrhunderten von Nordosten aus eingewandert, und die Ausweitung des Brutgebietes in Richtung Südwesten gilt bis heute als noch nicht abgeschlossen. Zumal die Besiedlung der Ortschaften scheint erst am Anfang zu stehen. Diese attraktiven Vögel mit den stark kontrastierenden Rotbraun- und Grautönen, den schwarzen Flecken auf der orangefarbenen Brust sowie dem zur Hälfte gelben Schnabel sind etwas größer als Amseln und brüten in Kolonien. Hier stellen sie eine Herausforderung für alle dar, die sich an ihren Gelegen vergehen wollen. Wacholderdrosseln bekämpfen solche Feinde – etwa Bussarde oder Krähen, aber auch Eichhörnchen –, indem sie sich im Trupp zusammenschließen und beim Angriff aus dem Flug oft erfolgreich versuchen, den Gegner gezielt mit ihrem flüssigen Kot zu treffen.

Im Winter ist die Wacholderdrossel auch in den Städten häufiger zu beobachten, da es oft starke Einflüge von Wintergästen aus dem Norden und Osten gibt. Früher wurden die auch »Krammetsvögel« genannten Drosseln ihres schmackhaften Fleisches wegen bejagt.

In der Stadt, wo Fressfeinde weitgehend fehlen, können sich gelegentlich »Weißlinge« halten.

Eine Wacholderdrossel hat einen winterlichen Beerenstrauch besetzt und wacht über ihre »Speisekammer«.

Singdrossel

Turdus philomelos

Die gelblich unterlegte Fleckung des Brustgefieders unterscheidet die Singdrossel von der ähnlichen Misteldrossel.

Merkmale

- kleiner als eine Amsel und zierlicher gebaut
- oberseits milchkaffeebraun, unterseits weißlich bis cremefarben mit kräftiger schwarzer Fleckung
- Wangen braunbeige meliert
- safrangelbe Unterflügeldecken

Auch die Singdrossel ist da und dort im Begriff, ihr Verbreitungsgebiet von den Wäldern in die Parks und Gartenbereiche der Städte auszudehnen – ein Prozess der Verstädterung einzelner Populationen, der bei der Amsel viel früher einsetzte und bei dieser Art heute wohl als abgeschlossen gelten kann. Daher wundert es wenig, dass die Singdrossel ihre Scheu vor dem Menschen noch nicht so abgelegt hat wie ihre schwarze Cousine und sich weitgehend wie ein Waldvogel verhält, der nicht leicht zu entdecken ist. Auch das für Stadtvögel charakteristische Standvogelverhalten scheint sich bei dieser in der Regel kurze und mittlere Strecken ziehenden Art noch nicht so durchgesetzt zu haben, weshalb man ihrer meist erst nach den ersten warmen Vorfrühjahrsnächten gewahr wird, wenn sie von Baumspitzen ihren melodiösen, an Wiederholungen reichen, »saftig« klingenden Drosselgesang vorträgt.

Eine Besonderheit der Singdrossel liegt in ihrer Ernährung: Während sie sich im Frühjahr und Sommer an die für Drosseln typische bodennahe Kleintierkost wie Regenwürmer, Schaben und Maulwurfsgrillen hält und ab dem Spätsommer ebenfalls verstärkt Beeren zu sich nimmt, widmet sie sich ganzjährig Gehäuseschnecken, die sie mit dem Schnabel am Gehäuserand greift und unter heftigen Seitwärtsbewegungen des Kopfes in so genannten Drosselschmieden an harten Gegenständen wie Steinen aufschlägt. Das Fleisch, das sie sich so zugänglich macht, wird auch an die Jungen verfüttert.

Vogeljagd in Südeuropa

Singdrosseln überwintern zumeist in Südwesteuropa, im Mittelmeerraum und in Nordafrika, wo sie in großen Zahlen Jägern und Fallenstellern zum Opfer fallen, die besonders beim Herbstzug – wenn sich die Vögel mehr Zeit lassen, weil nicht das Brutgeschäft zur Eile ruft – die nächtlich ziehenden Vögel durch die »tsick«-Rufe gekäfigter Singdrosseln oder durch spezielle Instrumente, die diese imitieren, anlocken. Dieses Schicksal teilen sie mit einer ganzen Reihe anderer Vogelarten wie Gartenrotschwänzen, Nachtigallen und Rotkehlchen, die entweder für Topf, Pfanne oder Spieß oder gar aus »sportlichen« Motiven gejagt werden.
In diesem Zusammenhang wurde von Tierfreunden die Parole »Kein Urlaubsort, wo Vogelmord« kreiert, und manche engagieren sich auch praktisch bei den gelegentlich nicht ganz ungefährlichen Versuchen, diesem Jagdtreiben Einhalt zu gebieten und der Gesetzgebung der Europäischen Union zum Vogelschutz auch in diesen Ländern zur Durchsetzung zu verhelfen.

Der Singdrossel sehr ähnlich ist die Misteldrossel (*Turdus viscivorus*). Sie ist die größte einheimische Drossel, oberseits grauer als die Singdrossel, mit kräftigerer Fleckung auf der Unterseite, einem dunklen Brustseitenfleck, weißen Unterflügeldecken und weißen äußeren Schwanzspitzen, die besonders beim Abfliegen auffallen. Auch für sie gilt, dass sie – obwohl noch stärker als die Singdrossel an naturnahe Nadel- und Mischwälder gebunden – immer weiter in die von Menschen gestaltete Parklandschaft einwandert.

► Ein Singdrosselgelege mit den typisch hellblauen Eiern, die gelegentlich eine dunkle Fleckung aufweisen.

►► Der verwaschene dunkle Fleck an der Brustseite ist neben der Größe ein guter Hinweis auf die Misteldrossel.

Star

Sturnus vulgaris

Starenmännchen beim Gesang – im Frühjahr mit gelbem Schnabel und prachtvoll metallisch glänzendem Gefieder.

Merkmale

- kleiner und kurzschwänziger als eine Amsel
- schwarzes Gefieder der Altvögel mit grünblauem Schimmer
- Schnabel relativ lang, im Frühjahr gelb, im Sommer dunkel
- Gefieder ab Spätsommer mit gelblichweißen Perlflecken übersät

Man hört ein quietschendes Gartentor, aber es ist gar keins da; ein Hund bellt, ist aber nirgendwo zu sehen; ein Handy klingelt, aber das eigene ist es nicht, und sonst ist auch niemand in der Nähe. So erstaunlich dies klingen mag: Es ist gut möglich, dass man bei all diesen Geräuschen auf einen Star hereingefallen ist! Kaum ein einheimischer Vogel vermag dermaßen reichhaltige Imitationen in seinen Gesang einzubauen – und damit gelegentlich allerlei Verwirrung zu stiften. Dabei belegen gerade die »technischen« Geräusche, dass dieser Vogel in engem Kontakt mit den Menschen lebt.

Ursprünglich ein Bewohner offener Landschaften mit Gehölzen, in denen er die nötigen (z.B. Specht-) Höhlen vorfindet, hat der Star von der Landwirtschaft profitiert und sich die Kulturlandschaft erobert. Hier bezieht er neben Baum- und Mauerlöchern mit Vorliebe Nistkästen, die ihm in den Städten und Ortschaften vielfach angeboten werden. Zu Beginn der Brutzeit sitzt er dann vor seinem »Starenkasten« und lässt in aufrechter Haltung mit gesträubtem Gefieder und hängenden, leicht zitternden Flügeln seinen melodiös schwätzenden und flötenden Gesang vernehmen, mit dem er sein kleines Revier reklamiert und Weibchen anlocken will.

Die 1–2 Jahrsbruten mit 4–6 Eiern führen angesichts der Häufigkeit der Art – man spricht von über 5 Millionen Brutpaaren in der Bundesrepublik – bis zum Sommer zu einem erklecklichen

Anwachsen der Population. Die zunächst bräunlichen Jungvögel, die zum Winter hin ein »zweifarbiges« Gefieder mit grauem Kopf und geperlter Unterseite entwickeln, sammeln sich dann in Schwärmen, gehen auf Grünland der Nahrungssuche nach oder fallen in Obstgärten und Weinbergen ein, was ihnen keinen besonders guten Ruf eingetragen hat. Vergrämungsaktionen mit einer für die Vögel beängstigenden Geräuschkulisse (Angstrufe der Art oder Schüsse vom Tonband) führen jedoch meist nur zur kurzzeitigen Verlagerung der Nahrungsplätze. Besser haben sich Netzkonstruktionen zum Schutz der Früchte vor dem Abpflücken oder Anhacken durch Stare bewährt.

In milden Regionen

Deutschlands versuchen Stare regelmäßig zu überwintern. Vögel aus raueren Klimazonen weichen der kalten und nahrungsarmen Jahreszeit jedoch nach Westen und Südwesten aus. Die Ansiedlung des Stars in Nordamerika – einige kulturbeflissene Menschen wollten unbedingt alle bei Shakespeare vorkommenden Vogelarten einbürgern – stellte sich angesichts der Anpassungs- und Durchsetzungsfähigkeit des Stars als fatal für dortige Höhlenbrüter heraus.

Innerstädtische Schlafquartiere

Berühmt geworden sind Schlafplätze der Stare, die sich angewöhnt hatten, statt etwa, wie es sich gehören würde, in riesigen »Wolken« in größeren Schilfzonen einzufallen, sich mitten im Getöse von Großstädten massenhaft an Gebäuden zu sammeln und dort leise krakeelend »in den Schlaf zu singen«. Ein gemeinsam von Künstlern und Starenforschern an einem solchen traditionellen innerstädtischen Schlafplatz in Berlin geplanter »Event« platzte jedoch, da die Vögel ausgerechnet an diesem Abend nicht mitspielen wollten und doch lieber woanders übernachteten.

► Zwei Jungstare – noch mit bräunlichen Gefiederpartien – an der »Tränke«.

▼ Im Herbst sammeln sich die Stare in großen Trupps.

Seidenschwanz

Bombycilla garrulus

Ein winterlicher Seidenschwanztrupp. Gleich werden sie sich unter sirrenden Rufen über einen Beerenstrauch hermachen.

Merkmale

- starengroß mit deutlicher, aufrichtbarer Federhaube
- Grundfärbung graubraun bis rotbraun, Kehle und Augenstreif schwarz
- grauer Bürzel, Unterschwanz ziegelrot, gelbe Schwanzendbinde
- gelbe, rote und weiße Abzeichen an den Schwingen

Der Seidenschwanz brütet nicht in Mitteleuropa; sein Verbreitungsgebiet erstreckt sich vielmehr von Nordskandinavien quer durch die Taigazone Eurasiens bis nach Nordamerika. Dennoch kann man in fast jedem Winter einzelne Vögel bei uns beobachten, da sie sich auf der Suche nach ihrer Winternahrung – besonders den Beeren von Ebereschen, aber auch Schneeball und Misteln sowie im Verlauf des Winters einer ganzen Palette von Wild- und Ziersträuchern – nach Süden bewegen und dabei wenigstens bis Norddeutschland kommen.

Alle paar Jahre – so zuletzt im Winter 2004/2005 – kommt es auch zu Massenwanderungen der Seidenschwänze nach

Mitteleuropa und darüber hinaus, so genannten Invasionen. Die Ursachen dieser Bewegungen liegen wohl in der Relation von Populationsgröße und Nahrungsangebot begründet, d.h. letztlich im Verhältnis von Bruterfolg und Beerenmast in ihrer Brutheimat. Dass das Zugverhalten einzelner Trupps dann auch noch stimulierend auf andere wirkt und diese sich der Massenwanderung anschließen, ohne selbst direkt mit Nahrungsknappheit konfrontiert zu sein, ist anzunehmen.

Im Zuge solcher Invasionen kann man Seidenschwänze dann in Gruppen bis zu mehreren Hundert dicht gedrängt auf Bäumen und sogar Hausantennen sitzen sehen, von wo sie unter eigenartig sirrenden Rufen überfallartig in Beeren tragenden Sträuchern und Bäumen einfallen und sich über die Früchte hermachen. Dabei sind sie in der Regel gar nicht scheu – möglicherweise deshalb, weil sie den Menschen nicht als Feind kennen. Es sind dann auch Besonderheiten der Vögel zu beobachten wie das zu allen Jahreszeiten stattfindende »Balzfüttern«, bei dem sich Altvögel Beeren zustecken, sowie die Funktion ihres Verdauungsapparates, der recht zügig die nicht verwerteten Nahrungsbestandteile (z.B. die Kerne) in Gestalt von wässrigen, weißlichen Kotfäden mit kleinen Blasen ausscheidet, was in manchen Gegenden zu einer Massenvermehrung der auf Bäumen schmarotzenden Misteln geführt hat. Mit etwas Glück kann man an milden Wintertagen die Jagd der Seidenschwänze nach fliegenden Insekten beobachten, die sie mit einer für einen derartig kompakten Vogel erstaunlichen Beweglichkeit und Eleganz fliegend direkt aus der Luft greifen.

Namensgebung

In früheren Jahrhunderten neigte man dazu, beobachtete Naturphänomene in Zusammenhang mit Ereignissen der Geschichte zu bringen, was dem Seidenschwanz aufgrund einer wohl wiederholten, jedoch zufälligen zeitlichen Übereinstimmung den Namen »Pestvogel« eintrug. Die englische Bezeichnung »Waxwing« bezieht sich dagegen auf die wachsartigen, verlängerten roten Spitzen der Armschwingen. Es sind Hornplättchen, die zusammen mit den gelben Spitzen der Handschwingen vor allem beim sitzenden Vogel ins Auge fallen und neben dem seidigen Gefieder mit seinen ineinander übergehenden Rot-, Braun- und Grautönen sowie der eigenartigen Federholle zu dem beitragen, was man gern die besondere Schönheit des Seidenschwanzes nennt. Wie es zu dem deutschen Volksnamen kam, ist jedem klar, der diesen hübschen Vogel einmal aus der Nähe gesehen hat.

Bei diesem Seidenschwanz erkennt man besonders gut die roten Hornplättchen der Armschwingen sowie die gelbe Schwanzendbinde.

Zumeist sieht man Mauersegler im rasanten Überflug. Bei diesem Vogel reflektieren die dunklen Schwingen das Licht.

Mauersegler

Apus apus

Merkmale

- schwalbenähnliche Gestalt, jedoch größer, mit langen, sichelförmigen Schwingen
- bis auf die hellere Kehle anthrazit gefärbt
- in Gruppen schrill rufend nach fliegenden Insekten jagend
- sichtbarer Schnabel klein, jedoch weit zu öffnen
- Schwanz gegabelt

Um die Monatswende April/Mai kehren die Mauersegler pünktlich aus ihren Überwinterungsgebieten im tropischen Afrika nach Mitteleuropa zurück und besetzen ihre städtischen Brutplätze in Mauerritzen und unter Dächern. Von da an gehören die auf zwei unterschiedlichen Tonhöhen liegenden schrillen Rufe – die mit den Geschlechtern in Verbindung gebracht werden – zu den charakteristischen sommerlichen Naturlauten in den Städten, besonders wenn die Jungen ausgeflogen sind und dann ganze Mauersegler-»Schulen« über der Stadt jagen. Jedoch bereits Ende Juli, Anfang August ist der Zauber vorbei, und die Vögel ziehen wieder nach Süden ab.

Es ist kein Zufall, dass man Mauersegler – anders als andere Vogelarten – praktisch nur im Fliegen und nicht am Boden oder auf Bäumen sitzend sieht. Sie sind völlig an eine fliegende Lebensweise angepasst und haben »Bodenhaftung« nur dann, wenn sie sich am Nest aufhalten. Auch ihr wissenschaftlicher Name *Apus apus*, der »Fußlose«, bringt das zum Ausdruck. Diese Bindung an die Luft hängt dabei mit ihrer Nahrung zusammen: Mauersegler jagen ausschließlich nach Fluginsekten und sind auf deren Vorhandensein angewiesen.

Daher bekommen sie natürlich Probleme bei Schlechtwetterphasen, denen sie mit weiteren Anpassungen begegnen: Die Altvögel weichen solchen Wetterlagen durch weiträumige Fluchten aus, die sie oft tagelang von der

Erfüllung ihrer elterlichen Pflichten abhalten. Die Jungvögel im Nest können dann ihren Stoffwechsel jedoch soweit reduzieren, dass sie in eine Art Starre verfallen und so bis zu 10 Tagen das Ausbleiben von Futter überbrücken können. Sogar ihr Schlafpensum absolvieren Mauersegler fliegend.

Häuser statt Felsen, Städte statt Gebirge

Der Mauersegler gehört wie der Hausrotschwanz oder auch der Turmfalke zu den Vogelarten, die durch ihre Anpassung an ein Leben in den Städten Hinweise auf ihren ursprünglichen Lebensraum geben. Sie sind eigentlich Felsbrüter oder Gebirgsvögel, die die räumlichen (vertikalen) und stofflichen (Beton-)Strukturen, die der Städtebau mit sich gebracht hat, als »Ersatzbiotope« angenommen und dadurch oft auch die Schranken ihres natürlichen Vorkommens überwunden haben. So gibt es zwar beim Mauersegler zerstreut und besonders im Osten des eurasischen Verbreitungsgebiets einzelne Populationen, die in Baumhöhlen brüten, diese sind jedoch völlig isoliert und haben mit den städtischen Mauerseglern keinen Kontakt. Erstaunlich ist, dass die Mauerseglerzahlen nach dem 2. Weltkrieg stark anstiegen. Das ist in Zusammenhang mit den zerstörten Städten zu sehen, die den Vögeln eine Fülle von Nistmöglichkeiten boten. Der Wiederaufbau, zumal die Altbausanierung und die bei den Neubauten immer weiter um sich greifenden glatten, oft gläsernen Fassaden sowie die Ausbesserung der Dächer haben den städtischen Lebensraum, namentlich die möglichen Brutplätze für die Mauersegler jedoch stark eingeschränkt. Heute versucht man, durch Nisthilfen wie speziell geformte Dachziegel, die den Vögeln Zugang zu einer Bruthöhle gestatten, ohne die Funktion des Daches in Frage zu stellen, ihre Ansiedlung zu fördern. Da die Vögel recht brutorttreu sind und neue Kolonien schwer entstehen, kann man sie durch Abspielen einer CD mit ihren Rufen auf das neue Nistplatzangebot aufmerksam machen und zur Neuansiedlung animieren.

▲ Ein Mauersegler der bei uns seltenen in Bäumen brütenden Population schaut aus seiner Höhle heraus.

► Auf festem Untergrund wirken diese Flugkünstler weniger geschickt.

Eine Rauchschwalbe sammelt Lehm für den Nestbau.

Rauchschwalbe

Hirundo rustica

Merkmale

- sperlingsgroß, jedoch schlanker und langgestreckt
- tief gegabelter »Schwalbenschwanz«
- Oberseite und Kropfband metallisch blau schimmernd schwarz
- Stirn und Kehle ziegelrot
- Unterseite weißlich bis cremefarben

Dass eine Schwalbe noch keinen Sommer macht, weiß jedes Kind. Diese wohl auf den Fabeldichter Äsop (6. Jahrhundert v.Chr.) zurückgehende und von Aristoteles aufgegriffene Redensart, die davor warnt, erste Anzeichen für das tatsächliche Eintreten – nämlich im besagten Falle der warmen Jahreszeit – zu nehmen, bezeichnet in der Tat ein Charakteristikum des Zugs der Rauchschwalben: Angesichts ihres riesigen Verbreitungsgebietes zieht sich der zu beobachtende Heimflug über mehrere Wochen hin, und selbst wenn die Vögel in Mitteleuropa bereits mit dem Brutgeschäft befasst sind, ziehen immer noch Vertreter nördlicherer Populationen durch. Die in diesem Punkt zutreffende Naturbeobachtung der alten Griechen bewahrte sie allerdings nicht vor folgenschweren Irrtümern hinsichtlich der Überwinterung der Schwalben. Da Rauchschwalben sich vor ihrem Abflug nach Süden in großen Schlafplatz-Gemeinschaften sammeln und oft in den Schilfgürteln der Seen übernachten, nahm man an, dass ihr plötzliches Verschwinden darauf beruhe, dass sie am Boden der Seen überwintern würden. Dieser Irrglaube hat sich stellenweise bis ins 19. Jahrhundert erhalten. Heute weiß man natürlich, dass die Rauchschwalben in Afrika südlich der Sahara überwintern.

In den Städten bekommt man Rauchschwalben besonders dann zu Gesicht, wenn sie über größeren Gewässern oft in recht niedrigem schnellem Flug nach Insekten jagen und auch geschickt aus rasantem Flug Wasser von der Oberfläche aufnehmen. Sie brüten jedoch kaum in den Ballungsgebieten, da ihnen hier durch die weitgehende Versiegelung der Böden, namentlich die Asphaltierung der Wege, kein Lehm zugänglich ist, den sie als Baustoff für ihre Nester benötigen. Brütend trifft man sie folglich besonders auf dem Lande an, wo sie traditionell im Innern der Viehställe ihre Näpfe aus Lehm und Halmen mörteln, in denen sie 2–3 Mal pro Jahr 4–5 Junge großziehen.

Die lange Brutperiode der Rauchschwalben führt immer wieder dazu, dass spät abziehende Trupps besonders im Alpenraum von Wintereinbrüchen überrascht werden. Viele können dann zugrunde gehen, jedoch werden diese Bestandseinbrüche in der Regel durch die hohe Reproduktionsrate bald wieder ausgeglichen. Viel stärkeren – oft negativen – Einfluss auf die Bestandszahlen der Rauchschwalbe haben die weitere Durchsetzung der intensiven Massentierhaltung sowie klimatische und ökologische Bedingungen in den Überwinterungsgebieten.

Reihenhäuser auf dem Lande

Eine weitere Schwalbenart, die man gelegentlich über den Städten sehen kann, ist die etwas kleinere, oberseits blauschwarze, unterseits weiße Mehlschwalbe (*Delichon urbica*) mit ihrem weißen Bürzel. Ihr Schwanz ist nicht so stark gegabelt wie der der Rauchschwalbe. Zum Brüten mörtelt auch sie auf dem Land außen an Hauswände aus Lehmklümpchen kugelförmige Nester – meist unterhalb überhängender Dächer. Aneinander gereiht können diese eine ganze Kolonie beherbergen. Anders als die Rauchschwalbe jagt die Mehlschwalbe in der Regel in größerer Höhe, sodass sie einem nicht so sehr ins Auge fällt und man schon mal – möglichst mit einem Fernglas »bewaffnet« – in den Himmel gucken muss, um diese eleganten Flugjäger zu entdecken.

▲ Bürzel und Kehle der Mehlschwalben sind wie die gesamte Unterseite auffällig weiß gefärbt. Im Gegensatz zu den Rauchschwalben ist ihr Nest oben geschlossen.

◀ Diese Gierhälse machen einem fast das Landen am Nest unmöglich!

Die Schwingen der Kohlmeise erscheinen bei dieser Flugstudie durch Lichtreflexion leuchtend blau.

Kohlmeise

Parus major

Merkmale

- kleiner als ein Sperling
- Rücken olivgrün, Unterseite gelb mit schwarzem Längsstrich
- Kopf bis auf weiße Wangen schwarz
- Flügel und Schwanz blauschwarz
- weiße Flügelbinde

Die Kohlmeise ist der größte einheimische Vertreter einer Gattung von relativ kleinen, in Höhlen brütenden Vögeln, die stark an das Vorhandensein von Bäumen gebunden sind, sonst aber in der Regel keine besonderen Lebensraumansprüche stellen und daher dem Menschen oft bis in die Städte gefolgt sind.

Im Frühjahr ernähren sie sich und ihre Jungen von kleinen Insekten und deren Larven. Da sie aber auch verschiedenste Körnernahrung zu sich nehmen, können sie in großer Zahl bei uns überwintern.

Die beste Gelegenheit, Meisen nicht nur zu sehen, sondern auch aus der Nähe zu beobachten, bilden die Winterfütterungen an Vogelhäuschen und Körnerspendern. Dort halten sie sich ebenso gern auf wie an den nach ihrer Vorliebe für fetthaltiges Futter »Meisenringe« und »Meisenknödel» genannten Nahrungsangeboten. Die Kohlmeise zeichnet sich an den Fütterungen, wo es oft zu einem regelrechten Gedränge kommt, durch besondere Aggressivität und Durchsetzungskraft aus, denn alle anderen Meisen »kuschen» vor ihr, und selbst kräftigere Vögel wie etwa Grünfinken vertreibt sie durchaus von der Nahrungsquelle.

Während Konflikte der Vögel an der Futterstelle zumeist mittels Drohposen ausgetragen und entschieden werden, werden von der Kohlmeise immer wieder auch tatsächliche Angriffe auf andere Vögel mit gelegentlich sogar tödlichem Ausgang kolportiert.

Die Kohlmeise kann eigentlich nur mit der deutlich kleineren Tannenmeise (*Parus ater*) verwechselt werden, die jedoch düsterer grau gefärbt ist, einen deutlichen weißen Nackenfleck aufweist (bei der Kohlmeise weniger auffällig grünweißlich) und der vor allem der schwarze Längsstreif auf der Unterseite fehlt. An Fütterungen ist die Tannenmeise meist am unteren Ende der Hackordnung und muss sogar regelmäßig der kaum größeren Blaumeise weichen. Sie ist – wie der Name schon sagt – ein Nadelwaldbewohner und auch in der Stadt an das Vorhandensein von Koniferen gebunden. Deren Samen nutzt sie besonders im Winterhalbjahr und versteckt sie auch in Borkenritzen. Aufmerksam wird man auf den kleinen Vogel oft erst durch sein hoch von den Baumwipfeln aus vorgetragenes »wize wize wize«.

Schleckerschnäbelchen

Im Jahr 1929 sind Kohlmeisen in Southampton irgendwie darauf gekommen, dass sich unter den Stannioldeckeln der Milchflaschen – die in England traditionell jeden Morgen an die Haustür geliefert werden – eine leckere Rahmschicht verbirgt. Nun haben Meisen zwar eine Vorliebe für Fetthaltiges, aber dass die Vögel nicht nur gelernt haben, die Foliendeckel mit ihrem Schnabel aufzuhacken und sich so Zugang zu der Delikatesse zu verschaffen, sondern dass dieses Verhalten offenbar buchstäblich Schule machte und sich über ganz England ausbreitete – das ist schon eine erstaunliche Geschichte.

Als Höhlenbrüter nimmt die Kohlmeise auch Nistkästen an – oft zieht sie diese sogar vorhandenen natürlichen Höhlungen vor –, aber auch Briefkästen und herumliegende Ofenrohre sind vor ihr nicht sicher. Die Tannenmeise sucht zum Brüten bodennahe Höhlungen in morschem Holz, also etwa in Baumstümpfen und Wurzelstöcken auf. Selbst in Mauselöchern legt sie ihre Eier hin und wieder ab.

▲ Der Kopf der Tannenmeise mit dem kennzeichnenden weißen Nackenfleck scheint fast ein wenig überproportioniert.

► Kohlmeisen werden oft sehr zutraulich und holen sich ihr Futter dann sogar aus der Hand.

Die Sumpfmeise hält ihr Köpfchen freundlich ins Licht, damit man ihre glänzende Kappe besser sieht.

Sumpfmeise

Parus palustris

Merkmale

- kleiner als eine Kohlmeise
- oberseits graubraun, unterseits schmutzig weiß
- glänzend schwarze Kopfplatte bis in den Nacken
- kleiner schwarzer Kehlfleck

Anders als der Name zunächst vermuten lässt, bewohnt die Sumpfmeise weniger feuchte Lebensräume als vielmehr Laub- und Mischwälder sowie Obstgärten und – in dem Maße, in dem sie in die Städte eingewandert ist – auch Gärten und Parks. Hier brütet sie in vorhandenen morschen Baumhöhlen oder Spechtlöchern, die sie mit ihrem Schnabel auf ihre Bedürfnisse hin zurechtmacht. Sie selbst ist kaum in der Lage, sich eine Höhle zu zimmern, nimmt aber Nistkästen auch nicht so bereitwillig an wie andere Meisenarten.

Die Sumpfmeise ist zwar von ihrer Gestalt her eine »klassische« Meise, ihr Gefieder weicht jedoch sowohl hinsichtlich der graubraunen und cremefarbenen Tönung als auch im Fehlen jeglicher Zeichnung wie Flügelbinden, Unterseitenstrich oder Augenstreif deutlich von den Kohl-, Blau- und Tannenmeisen ab. Schon dieser Befund legt nahe, dass sie Vertreter einer eigenen Gruppe innerhalb der Familie der Meisen ist. Man nennt diese Gruppe Graumeisen.

Mit der in mehreren Unterarten auftretenden Weidenmeise (*Parus montanus*) bildet die Sumpfmeise ein klassisches Zwillingspaar. Die optische Ähnlichkeit geht so weit, dass man zur sicheren Unterscheidung die Lautäußerungen, also die Rufe und Gesänge heranzieht. Zwar erscheint die Weidenmeise etwas bulliger und mit ihrer weiter in den Nacken reichenden mattschwarzen Kappe auch stiernackiger, ihr Kehllatz ist ausgedehnter und ausgefranster als der kleine, scharf begrenzte der Sumpfmeise, und darüber hinaus zeigt sie besonders im Winterhalbjahr ein feines, weißes Flügelfeld. Aber beides sind eben Meisen, die es dem Beobachter mit ihrer steten Unrast nicht leicht machen, diese Merkmale in Ruhe zu diagnostizieren – zumal sie es selten erlauben, sie nebeneinander zu vergleichen, damit man bei der Weidenmeise auch noch das düstere Graubraun an der hinteren Wange und an den Flanken wahrnehmen könnte.

Hinweise auf die Art

geben neben dem explosiven »pitschu pitschu« der Sumpfmeise und dem eher nöligen, nasalen »däh däh däh« der Weidenmeise natürlich auch Verhalten und Vorkommen der Vögel (vgl. Kasten). Das Verbreitungsgebiet der beiden Graumeisen erstreckt sich quer durch Eurasien bis zum Pazifik. Die robustere Weidenmeise dringt weiter in den Norden vor, die Sumpfmeise bewohnt die gemäßigten Breiten.

Unterschiede in der Lebensweise

Die Weidenmeise kann sich ihre Bruthöhlen im morschen Holz selbst bauen. Nisthilfen nimmt sie ähnlich zurückhaltend an wie die Zwillingsart – es sei denn, diese sind mit Sägespänen oder sonstigen weichen Holzresten gefüllt, sodass sie ihr angeborenes Zimmermannswesen durch Bearbeiten des Höhleninneren walten lassen kann. Genauso macht sie sich angefangene, aber eben nicht vollendete und schon leicht verwitterte Spechthöhlen für ihre Bedürfnisse zurecht.

Die Weidenmeise besiedelt gerne feuchte Weichholzauen, aber auch Fichten- und Kiefernwälder und geht dabei im Gebirge bis an die Waldgrenze, während man Sumpfmeisen kaum einmal über 1400 m antrifft. Weidenmeisen erscheinen auch wesentlich seltener in Gärten und Parks. Beide Arten sind zumeist Standvögel, verlassen also das Brutgebiet im Winter nicht, sondern ziehen in gemischten Kleinvogeltrupps, denen sich dann und wann auch ein Specht anschließen kann, auf Nahrungssuche durch die Waldgebiete und Gehölze ihrer Heimat.

Das weiße Flügelfeld, die mattschwarze Kappe und das Beige der Flanken weisen hier auf eine Weidenmeise hin.

Blaumeise

Parus caeruleus

Auch außerhalb der Brutzeit trifft man Blaumeisen meist in Zweiergruppen an.

Merkmale

- kleiner als eine Kohlmeise
- gelbe Unterseite, Rücken blass oliv
- Flügel und Schwanz blau, weiße Flügelbinde
- Kopf weiß mit hellblauem Käppchen
- Kehle, Augenstreif und Wangenumrandung schwarz

In der ornithologischen Literatur hat sich eingebürgert, die Bewegungsabläufe von Meisen, die auf der Suche nach Nahrung durch die Vegetation streifen, als »Zweigturnen« zu charakterisieren, und auf kaum eine andere trifft der Begriff so sehr zu wie auf die Blaumeise. Während die Kohlmeise sich durchaus einmal dazu »herablässt», am Boden beinahe in Sperlingsmanier hüpfend nach Essbarem zu suchen, wird man das bei der Blaumeise nur sehr selten feststellen. Sie schlüpft stattdessen meisterhaft durch das Geäst, hier auf einem Ast eine Larve heraushackend, dort am letzten Ende eines Zweiges kopfüber nach unten hängend von einer Blattunterseite eine

Schmetterlingsraupe pickend oder am Stamm eines Baumes festgekrallt auf der Suche nach Insekten mit dem Schnabel die Rinde aufbrechend. Kaum eine andere Meise geht auch die Meisenknödel einer Winterfütterung derart konsequent hängend von unten an. Hier zeigt sie sich übrigens in der Konkurrenz mit der Kohlmeise in der Regel als unterlegen; gegen Sumpfmeise und Tannenmeise kann sie sich leichter durchsetzen.

Auch die Blaumeise kann den Winter in unseren Breiten verbringen, da sie in der kalten Jahreszeit weitgehend auf pflanzliche Kost umsteigt. Von deren Verfügbarkeit ist sie allerdings abhängig, sodass es immer wieder auch zu größeren Wanderungen (Invasionen) besonders nördlicher Populationen kommt. Mit Vorliebe geht sie im Winter an Bucheckern, aus denen sie – ähnlich wie bei den Erdnüssen an der Winterfütterung – Stückchen heraushackt, um sie auf einem nahen Ast mit den Füßen festzuhalten und weiter in schnabelgroße Portionen zu zerkleinern.

Insofern hängt ihr Überleben stark von der von Jahr zu Jahr wechselnden Buchenmast ab. So könnte man beim Ausbleiben der Vögel an der Futterstelle einen Bestandseinbruch vermuten, obwohl es sich in Wahrheit ganz anders verhält und die Blaumeisen nur draußen in der Natur Nahrung im Überfluss finden. Im Frühjahr, bevor die Insekten in gehöriger Masse erscheinen, behelfen sich Blaumeisen auch gerne mit dem Pollen und Nektar früh blühender Bäume. Dann sieht man sie häufig an Weiden, Pappeln und Erlen.

Brutbiologie und Lebenserwartung

Wie bei allen Meisen ist die Gelegegröße bei der Blaumeise äußerst variabel und kann zwischen 7 und 13 Eier umfassen. Das Weibchen übernimmt das Brutgeschäft und wird vom Männchen gefüttert, solange es auf den Eiern sitzt. Man hat herausgefunden, dass die Größe des Geleges von verschiedenen Faktoren abhängt, besonders aber von der Masse der vorhandenen Nahrung, der Populationsdichte, dem Alter und der Erfahrung der Weibchen sowie nicht zuletzt der Größe der Bruthöhle. Von den flügge gewordenen Jungvögeln erleben nur 15–20 % die nächste Brutperiode. Obwohl Blaumeisen wie ihre Verwandten über 8 Jahre alt werden können, liegt ihre wie deren durchschnittliche Lebenserwartung bei nur etwa 2 Jahren.

◄ Eine Blaumeise in der charakteristisch hängenden Position am Meisenknödel.

◄◄ An der Zeichnung, weniger an der Färbung, kann man diese jungen Blaumeisen bereits als solche erkennen.

Beim Haussperling unterscheiden sich die Geschlechter deutlich; hier sitzt links das Männchen.

Haussperling (Spatz)

Passer domeicus

Merkmale

- Männchen oben braun, Rücken und Flügel mit schwarzer Längszeichnung; Unterseite einschließlich Wangen hellgrau
- grauer Scheitel, schwarzer Brustlatz
- Weibchen dunkler und weniger kontrastreich mit cremefarbenem Augenstreif
- Schnabel schwarz oder hornfarben

Beim Haussperling handelt es sich – das pfeifen schon die Spatzen von den Dächern – um den klassischen Kulturfolger. Man nimmt an, dass er sich dem Menschen bereits bei dessen Übergang vom Jäger und Sammler zum Bauern und der damit einsetzenden Sesshaftigkeit anschloss und sich als Körnerfresser das Getreide der Felder und Vorratslager zunutze machte. Das bedeutet immerhin um die 10 000 Jahre gemeinsame Geschichte von Mensch und Spatz! Immer noch gelegentlich vorkommendes Nisten in Baumhöhlen oder in kugeligen Baumnestern mag auf die ursprünglichen Vorlieben der Art bei der Nistplatzwahl hindeuten, jedoch nutzt der Haussperling inzwischen zumeist Strukturen, die ihm der Mensch bietet: Mauerlöcher und Spalten in Holzkonstruktionen, wo er oft in kleinen Kolonien sein etwas lieblos, fast nachlässig aus Pflanzenfasern und Federn gebautes Nest anlegt.

Haussperlinge sind äußerst gesellig, und auch während der Brutzeit trifft man sie in Gruppen an, wenn sie etwa am Boden hüpfend und in etwas geduckter Haltung nach Nahrung suchen. Beunruhigt sie etwas, fliegt die ganze Gesellschaft sofort in den nächsten Deckung bietenden Strauch, um sich nach Abklingen der Aufregung nacheinander wieder am Boden zu versammeln und das Fressen fortzusetzen. Oft sieht man die Gruppen auch beim Baden in Pfützen, wo sie sich dem Waschvorgang mit aufgeplustertem Gefieder mit genau derselben Intensität hingeben, wie wenn sie Staubbäder nehmen –

einer weiteren Leidenschaft dieser possierlichen Vögel.

Obgleich der kräftige konische Schnabel den Haussperling als Körnerfresser ausweist, geht er in der Regel an kleinere Sämereien als Finken mit schwächerem Schnabel. Die jeweils 4–6 Jungvögel seiner 2–3 Bruten füttert er jedoch vor allem mit Insekten. Nach der Brutzeit versammeln sich die Sperlinge zunächst in größeren Scharen, und besonders die Jungvögel durchstreifen größere Gebiete. Aber bereits im Oktober werden die Brutplätze wieder aufgesucht, und die Männchen balzen am Boden vor den Weibchen in geduckter Haltung mit hängenden, zitternden Flügeln und aufgestelltem Schwanz. Sehr viel mehr als ihr notorisches »tschilp tschilp« bringen sie aber auch hierbei akustisch nicht zu Stande.

Noch ein Spatz

Der mit dem Haussperling eng verwandte, etwas kleiner geratene Feldsperling (*Passer monatanus*), bei dem sich Männchen und Weibchen mit braunem Scheitel und Nacken sowie dem markanten schwarzen Punkt im weißen Wangenfeld gleichen, kommt etwas weiter draußen in der Kulturlandschaft vor. Er weicht hier offenbar vor dem durchsetzungsstärkeren Haussperling zurück – ein Umstand, der sich übrigens in Teilen des asiatischen Verbreitungsgebietes beider Arten genau umgekehrt darstellt. Der Feldsperling besiedelt also bei uns eher Feldgehölze und dringt wohl nur dort in die Städte und Ortschaften ein, wo der Haussperling nicht vorkommt oder Bestandsrückgänge zu verzeichnen hat.

▲ Bei den Feldsperlingen gleichen sich Männchen und Weibchen.

◄ Bei derart geselligen Vögeln kommt es immer wieder zu Streitereien, die jedoch schnell beigelegt werden.

Buchfink

Fringilla coelebs

Merkmale

- sperlingsgroß, mit 2 weißen Flügelbinden, olivgrünem Bürzel und weißen Schwanzkanten
- Männchen mit rosarot bräunlicher Unterseite und Wangen; Scheitel, Nacken und Halsseiten blaugrau; Rücken rotbraun
- Weibchen matter, eher graubraun gefärbt
- Schnabel hornfarben, beim Männchen im Frühjahr stahlblau

Auch für den Buchfinken gilt: Je häufiger ein Vogel ist, desto weniger wird man sich seiner Schönheit bewusst ...

Mit über 10 Millionen geschätzten Brutpaaren dürfte der Buchfink die in Deutschland häufigste Vogelart und zugleich die mit der größten Verbreitungsdichte sein. Er kommt in Europa außer dem äußersten Norden praktisch überall vor, wo es Bäume gibt. Mit dem Bergfink (*Fringilla montifringilla*) und dem graublauen Teydefink (*Fringilla teydea*) von den Kanareninseln Teneriffa und Gran Canaria als einzigen weiteren Vertretern gehört er zur Gattung *Fringilla*, die heute auch als eigene Familie »Edelfinken« neben die anderen Finkenvögel um die Zeisige und die Gimpel gestellt wird.

Der Buchfink zeigt in unseren Breiten ein differenziertes Wanderverhalten: Die meisten Weibchen, aber nur wenige Männchen ziehen für den Winter in den Mittelmeerraum, was den schwedischen Taxonomen und Systematiker Carl von Linné (1707–1778) dazu inspirierte, in den wissenschaftlichen Namen das lateinische Wort »coelebs« aufzunehmen, was so viel wie unbeweibt, ehelos, unverheiratet bedeutet und den scheinbaren Junggesellenstatus der Männchen im Winterhalbjahr reflektiert.

Sind die Weibchen im Frühjahr eingetroffen, beginnen sie mit dem Bau des napfförmigen Nestes, das meist hoch in einem Baum nahe am Stamm auf einem Ast oder einer Astgabel angelegt wird. Es handelt sich dabei um eine Konstruktion, bei der sorgfältig in mehreren Schichten Gräser, Wurzeln, Tierhaare, Federn, Flechten und Spinnweben verarbeitet werden. In 1–2 Jahresbruten ziehen die Paare mit Insekten ihre jeweils 4–6 Jungen auf. Sobald diese selbstständig sind, sammeln sie sich in Trupps und schließen sich auch gemischten Singvogelschwärmen aus Ammern, Sperlingen und anderen Finken an, um gemeinsam am Boden ihre Körner- und Samennahrung zu suchen.

Regionale Gesangsvarianten

Der Name Fink rührt wohl als Lautmalerei von dem bekanntesten Ruf der Vögel her – einem hellen »pink« oder eben »fink«. Der Gesang, der so genannte Finkenschlag, ist eine ständig wiederholte, schmetternd vorgetragene, gegen Ende abfallende und mit einem Schnörkel abschließende Strophe, die man mit »zi zi zizizizi würzgebier« umschrieben hat. Da nicht nur über das gesamte Verbreitungsgebiet verteilt, sondern auch in verschiedenen lokalen Populationen Variationen auftreten, geht man davon aus, dass nur das Grundgerüst vererbt, die Dialektvarianten jedoch erlernt werden.

In den nördlichen Wäldern vertritt der Bergfink den Buchfink. Sein Verbreitungsgebiet erstreckt sich von Nordskandinavien quer durch Eurasien bis zum Pazifik. Im Prachtkleid ist das Männchen mit seinem pechschwarzen Kopf- und Rückengefieder, der leuchtend orangenfarbenen Brust und dem weißen Bürzel ein spektakulärer Anblick. Aber obwohl sich Bergfinken im Winter regelmäßig und oft in Scharen (die in die Millionen gehen können) in Mitteleuropa aufhalten, bekommt man davon nur Andeutungen zu sehen. Die Vögel erscheinen bei uns nämlich frisch vermausert, also mit einem Federkleid, das noch nicht abgenutzt ist, und sehen etwas unordentlich grau und braun gefleckt aus. Erst durch Abnutzung der Federsäume wird dann zum Frühjahr hin das Brutkleid freigelegt – aber zu dieser Zeit sind die Vögel meist schon wieder im Norden.

▲ ... das gilt für die Weibchen natürlich nur in eingeschränktem Maße.

► Die signalroten, sperrenden Schnäbel der Buchfinkenbrut machen den Eltern unmissverständlich klar, wohin das Futter muss.

►► Erst durch Abnutzung des Kopf- und Rückengefieders kommt das Schwarz des Brutkleids beim Bergfinken zum Vorschein.

Grünfink

Carduelis chloris

Diese Aufnahme zeigt deutlich, aus welchen Federteilen das charakteristische gelbe Flügelfeld des Grünfinken gebildet wird.

Merkmale

- sperlingsgroß; oben dunkler, unten heller graugrün
- gelbes Flügelfeld, Schwanzseiten bis zur Mitte gelb
- kräftiger, kegelförmiger, blass rosagelber Schnabel
- Weibchen matter gefärbt

Neben der Amsel und dem Haussperling ist der Grünfink wohl der häufigste Vogel in den Städten – oftmals übertreffen seine Zahlen sogar die des Spatzen. Am ehesten wird man auf ihn aufmerksam, wenn man ihm an einer winterlichen Vogelfütterung begegnet oder wenn das Männchen ab Februar als einer der ersten Singvögel von hoher Warte aus oder in schmetterlingsartig gaukelndem Singflug sein Revier anzeigt. Im Sommer nach der Brutzeit verhalten sich Grünfinken dagegen eher unauffällig.

Der Stieglitz (*Carduelis carduelis*) ist mit dem Grünfinken eng verwandt. Ein feinerer, elfenbeinfarbener Schnabel weist darauf hin, dass dieser Körnerfresser auf kleinere Samen spezialisiert ist. Mit seinem rot-weiß-schwarzen Kopfgefieder und der gelben Flügelbinde gehört er zu den farbenfrohesten Vertretern der einheimischen Vogelwelt.
Sein volkstümlicher Name Distelfink macht deutlich, in welchen Biotopen man ihn am ehesten antrifft – nämlich dort, wo es Stauden und Ackerkräuter, Disteln und Korbblütler, so genanntes Unkraut gibt. Und das findet man in den Städten besonders auf Industriebrachen, Schuttplätzen und an Gleisanlagen. Hier kann man nach der Brutzeit denn auch ganze Trupps von Stieglitzen beobachten, die sich ähnlich wie Meisen von Pflanze zu Pflanze durch die Krautschicht hangeln und mit ihrem Schnabel die Samen wie mit einer Pinzette aus den Blütenköpfen herauslösen. Oft sind diese Trupps bei der Nahrungssuche mit anderen Finken, Ammern und Sperlingen vergesellschaftet. Einmal aufgeschreckt, flüchten die Stieglitze jedoch »artrein« in die nächsten höheren Bäume.

Mehr noch als der Grünfink, der in den Städten nicht zuletzt durch die Winterfütterungen weitgehend zum Standvogel geworden ist, ist der Distelfink, der Fütterungen nur selten besucht, in seinem Zugverhalten von der in der Natur verfügbaren Samenfülle abhängig. Wird diese Nahrung knapp, dann weichen die Vögel nach Südwesten aus, sodass von Winter zu Winter unterschiedlich viele Stieglitze in Mitteleuropa bleiben. Grünfink und Stieglitz gelten als Körnerfresser. Bei der Aufzucht ihrer Jungen verfüttern sie jedoch besonders in der 1. Lebenswoche auch Insekten, ehe sie die Kleinen an das im Kropf aufgeweichte Samenfutter gewöhnen.

Verteidigung der Futterstelle

Am Futterplatz zeigt sich der Grünfink als ein dominanter Geselle, mit dem nicht zu spaßen ist: Meisen haben gegen ihn kaum eine Chance, und selbst Amseln macht er das Leben schwer. Zuweilen kann man beobachten, wie er sogar einem Artgenossen den Zugang zur Nahrung verweigert, obwohl er selbst anscheinend schon gesättigt ist. Er bewacht und verteidigt »sein« Futter, dem er sich dann erst später wieder in seiner typisch behäbigen und beharrlichen Art widmet. Kommt ihm ein Vogel mit Fressambitionen zu nahe, streckt er diesem den geöffneten Schnabel entgegen, lupft die Flügel, stellt den Schwanz etwas auf und spreizt ihn, sodass die leuchtend gelben Gefiederpartien sichtbar werden. Meist reicht das schon, um den Konkurrenten zu entmutigen.

▲ Beim sitzenden Vogel sind die Handschwingen weitgehend von den Armschwingen verdeckt.

► Die schwarz-weiß-rote Kopfzeichnung macht erwachsene Stieglitze unverkennbar.

Erlenzeisig

Carduelis spinus

Das Erlenzeisigmännchen erkennt man am schwarzen Scheitel, der schwarzen Stirn und einem kleinen schwarzen Lätzchen.

Merkmale

- deutlich kleiner als ein Grünfink, mit feinem, länglich-kegelförmigem Schnabel
- Wangen und Brust, Flügelbinde, Bürzel und Schwanzseiten gelb
- Scheitel, Stirn und kleiner Kehlfleck schwarz
- schwarze Strichelung auf grau-grünem Rücken und weißem Bauch
- Weibchen insgesamt matter gefärbt als Männchen

Zusammen mit dem Fichtenkreuzschnabel gehört der Erlenzeisig zu den Vagabunden in der Familie der Finken. Sein Vorkommen und Auftreten richtet sich ganz nach Vorhandensein und Samenfülle seiner Nahrungspflanzen. Sogar seine Brutperiode ist an das Fruchten verschiedener Samen angepasst, sodass erste Bruten schon in den Spätwinter fallen können, wenn die Fichtenzapfen sich öffnen. Übers Jahr wandern die Vögel dann den reifenden Samen nach: Zunächst suchen sie ergiebige Standorte mit Kiefernsamen auf, später werden Ackerkräuter und Wiesenblumen wichtiger. Zum Jahresausgang und durch den Winter findet man die Zeisige gelegentlich in umfangreichen Trupps zumeist an Birken und Erlen, wo sie geschickt mit ihrem relativ langen, schmalen Schnabel die Samen aus den Schuppen der Zäpfchen herausziehen. Einzelne Vögel suchen dann auch die Vogelhäuschen in den Städten auf, wo sie allerdings in der Regel »anstehen« müssen, da sie selbst den etwa gleich großen Blaumeisen den Vortritt lassen müssen.

Auf den ersten Blick nicht unähnlich, jedoch noch kleiner und mit viel kürzerem, kegelförmigem Schnabel ist der Girlitz (*Serinus serinus*). Girlitze sind erst im 19. Jahrhundert in Mitteleuropa eingewandert, halten jedoch weiterhin regen Kontakt zu ihrer Ursprungsheimat, indem die meisten im Winter regelmäßig zurück nach Südwesten bis Nordafrika ziehen. Dem Girlitz fehlt die schwarze Stirn- und Kehlfärbung des Erlenzeisig, und seine Gestalt ist gedrungener. Besonders auffällig ist der leuchtend zitronengelbe Bürzel, der sichtbar wird, wenn die Männchen ab März mit leicht hängenden Flügeln von exponierten Stellen wie Fernsehantennen oder Baumspitzen aus ihr rasantes, lang anhaltendes, tirilierendes Lied erklingen lassen.

Vom Kanarengirlitz zum Harzer Roller

Ein naher Verwandter des Girlitz ist der Kanarengirlitz, eine recht unscheinbar grünlichbraun gefärbte Art, die – wie der Name schon sagt – ursprünglich auf den Kanarischen Inseln (aber auch auf den Azoren und Madeira) zu Hause ist. Bekannt geworden ist dieser durch die Zuchtformen, die man seit seiner Entdeckung vor ca. 500 Jahren hinsichtlich Farbe, Gestalt und Größe hervorzubringen bemüht ist. Ursprünglich war er als gekäfigter Sangeskünstler beliebt, entwickelte jedoch in Gefangenschaft rasch ein zunächst ins Gelbliche entfärbtes Gefieder, was die Züchter dazu animierte, immer absonderlichere Farbvarianten »herauszumendeln«. Bergleuten aus dem Harz, die sich die Kanarienzucht Anfang des 19. Jahrhunderts zum Hobby (und als Zubrot) erkoren, gelang es darüber hinaus, den Gesang der Vögel zu verfeinern.

Während der Erlenzeisig zur Brut Nadel- und Mischwälder besonders in höheren Lagen aufsucht, hat sich der Girlitz auf seinem Einzug in Mitteleuropa neben der offenen Kulturlandschaft auch die Gartenstädte erobert. Man begegnet ihm hier in den Sommermonaten eher als dem Erlenzeisig, der sich zumeist erst im Winterhalbjahr auf Nahrungssuche in die urbanen Gebiete begibt. Wie alle Finkenvögel konsumieren beide vornehmlich Samen. Doch während sich der Erlenzeisig mit Vorliebe über Baumsamen hermacht, ist der kleine, kurze konische Schnabel des Girlitz besonders an das »Abknipsen« und Bearbeiten der weicheren Samen von Gräsern, Kräutern und Stauden angepasst. Nur zur Brutzeit und zur Aufzucht der Jungen werden auch bei ihm Insekten und ihre Larven, besonders aber Blattläuse ein wichtigerer Nahrungsbestandteil.

► Vom Girlitz wird gesagt, dass sein Gesang »wie ein ungeölter Kinderwagen« klingt.

◄ Erlenzeisige turnen bei der Suche nach Nahrung ähnlich geschickt wie Meisen durch das Geäst.

Selbst bei diffusem Licht leuchten die Farben des Gimpelmännchens.

Gimpel (Dompfaff)

Pyrrhula pyrrhula

Merkmale

- bulliger Fink; Flügel, Schwanz, Oberkopf und gedrungener Schnabel schwarz
- Nacken, Rücken und Schultern grau, Steiß, Bürzel und breite Flügelbinde weiß
- beim Männchen Wangen, Brust und Bauch rot
- Weibchen matter gefärbt, Wangen, Brust und Bauch graurosa

So auffällig besonders das Männchen gefärbt ist, so leicht übersieht man die Gimpel gemeinhin, wenn man nicht auf den kurzen, leicht abfallenden, reinen Flötenton ihres Rufes »geeicht« ist. Auch den Gesang der Dompfaffen – der volkstümliche Name geht auf die schwarze Pfaffenkappe und den Kardinalspurpur zurück –, eine leise schwätzende Strophe aus Pfeiftönen, vernimmt man selten, da sie kein Revier verteidigen und ihre Lautäußerungen v.a. der Kommunikation unter den Partnern dienen. Gimpel leben in Einehe oft bis zum Tod eines Partners. Anders als andere Finkenvögel treten sie auch den größten Teil des Jahres nur als Pärchen auf und schließen sich höchstens spät im Jahr zu kleineren Trupps zusammen.

Zur Brutzeit halten die Paare sich in unterholzreichen Nadel- und Mischwäldern auf und leben hier so zurückgezogen und unauffällig, dass genaue Aussagen über den tatsächlichen Brutbestand kaum zu machen sind. Gelegentlich ziehen sie auch in größeren Parks und sogar Gärten mit altem Baumbestand ihre 1–2 Bruten mit 4–6 Jungvögeln auf, die sie – wie andere Finken auch – mit Insekten als Zusatznahrung füttern. Auf ihrem Speisezettel stehen insbesondere Samen von Bäumen, Sträuchern und Kräutern. Darüber hinaus nehmen sie Früchte und Beeren, wobei sie das Fruchtfleisch verschmähen und sich mit ihrem kräftigen Schnabel unter Zuhilfenahme der Zunge ganz dem Herauslösen und Schälen des Kerns widmen. Im Frühjahr gehen sie auch gern an frische Triebe und Knospen.

Der Name Gimpel

bedeutet eigentlich soviel wie »einfältiger Mensch« und scheint sich einerseits auf etwas phlegmatische Naturell, andererseits auf die Zutraulichkeit gegenüber dem Menschen beziehen, die ihn zu einem relativ leicht zu haltenden und zu züchtenden Käfigvogel werden ließ. Hier zeichnet er sich – wohl bedingt durch die arttypische starke Neigung zur Paarbindung – durch große Anhänglichkeit an den pflegenden Menschen aus, mit dem er flötend kommuniziert und dabei auch sein Repertoire erweitert.

Ein Schnabel zum Kerne knacken

Der größte einheimische Finkenvogel ist der Kernbeißer (*Coccothraustes coccothraustes*). Er ist deutlich kräftiger gebaut als der Dompfaff, mit dem er indes die gedrungene, stiernackige Gestalt teilt, und erreicht etwa Starengröße. Die Grundfärbung seines Körpergefieders ist rotbraun, Rücken und Schultern sind braun. Dazu fallen ein im Nacken breiteres graues Halsband sowie aus der Nähe stahlblau glänzende Verbreiterungen an den schwarzblauen inneren Flügelfedern auf. Hervorstechendes Merkmal ist jedoch sein mächtiger, zur Brutzeit blaugrauer Schnabel, der unmittelbar in den flachen Scheitel übergeht. Besondere Hornplättchen und Schneidekanten im Schnabel erlauben es ihm, die Kerne von Steinobst wie Kirschen und Pflaumen zu knacken und den Samen herauszulösen. Man spricht von einem Druck von über 50 kg, den der »Kirschkernbeißer« mit diesem Werkzeug und der entsprechenden Muskulatur ausüben kann.
Den Kernbeißer bekommt man nicht oft zu sehen, da er die Wipfelregion von Laubwäldern bewohnt. Am ehesten begegnet man ihm noch, wenn er am Boden nach herabgefallenen Samen sucht oder – wie auch der Gimpel – eine winterliche Vogelfütterung besucht.

▲ Wenn die Gimpeldame den Kern herausgelöst hat, wird sie das Fruchtfleisch und die Haut fallen lassen.

► Nicht nur von der Gestalt her, auch in seiner Färbung ist der Kernbeißer ein stattlicher Finkenvogel.

Das Bachstelzenmännchen sichert von erhöhter Warte, bevor es den Jungen Futter bringt.

Bachstelze

Motacilla alba

Merkmale

- spatzengroß, jedoch schlanker und hochbeiniger
- Scheitel und Nacken, Kehle und Vorderbrust schwarz
- Rücken grau; Flügel dunkel mit weißen Abzeichen
- Stirn, Wangen und Unterseite weiß
- langer Schwanz, oberseits schwarz mit weißen Kanten

In den Städten begegnet man der Bachstelze auf kurzrasigen Grünflächen wie Sportplätzen und Grünanlagen, aber auch auf Industriebrachen und sogar in Fußballstadien, wo sie zumeist in kleinen, lockeren Gruppen auf Insektenjagd geht. Hier zeigt sie sogleich, warum sie mit volkstümlichen Namen wie »Wippensterz« oder »Wackelstärt« (engl. Wagtail) bedacht wurde, denn sie ist »gut zu Fuß« und wippt dabei heftig mit dem Schwanz. Das zeigt sich besonders beim Gehen, nach abrupten Bewegungen – etwa um einem Insekt oder einer Spinne hinterherzurennen – sowie nach dem Landen, gelegentlich auch beim Ruhen und der Gefiederpflege. Dieses Verhalten ist bei der ganzen Stelzenfamilie festzustellen, von der in Mitteleuropa 2 weitere Vertreter regelmäßig als Brutvögel vorkommen, nämlich die Schafstelze (*Motacilla flava*) und die Gebirgsstelze (*M. cinerea*), beide übrigens mit kräftiger Gelbfärbung auf der Unterseite. Man nimmt an, dass das Wippen ursprünglich dem Ausbalancieren des grazilen Körpers diente. Es könnte aber darüber hinaus auch Signalcharakter haben, also etwa über die Erregung des Vogels Auskunft geben.

Während der gebräuchliche Name »Bachstelze« die Vorstellung nahe legt, dieser Vogel sei, ähnlich wie die Gebirgsstelze, an Gewässer gebunden, weisen andere wie »Ackermännchen« darauf hin, dass es sich um einen Vogel offener Landschaften handelt, der sich als Kulturfolger von seinem angestammten Biotop – Flussufern und Schotterbänken – längst emanzipiert hat und in Mauerlöchern, Viehhaltungen und Holzbauten durchaus die Nähe des Menschen sucht. Der Name »Klosterfräulein« kombiniert insofern auch die nonnenhafte schwarzweißgraue Erscheinung der Bachstelze (inkl. Kapuze!) mit einem typischen Ansiedungsort der Art.

Die meisten Bachstelzen kann man natürlich nach der Brutzeit sehen, wenn die Jungen flügge sind und die Vögel sich in teils großen Scharen sammeln. Dann ist die Luft an geeigneten Nahrungsstellen gefüllt mit den 2-silbigen »zie-witt«-Rufen. Die Jungvögel hocken dann oft nahe dem Wasser auf Geäst herum, ein wenig unschlüssig wirkend, ob sie nun noch gefüttert werden oder sich selbst was organisieren sollen. Mitte August dann setzt bei den nördlichen Populationen der Abzug in die Überwinterungsgebiete ein, die bereits im Südwesten Europas beginnen und sich bis nach Nordafrika erstrecken. In milderen Gebieten versuchen Bachstelzen auch, in der kalten Jahreszeit auszuharren. Abhängig von der Erreichbarkeit ihrer Insektennahrung kommt es dann nur zu Ausweichbewegungen.

Andre Länder, andre Muster

Die Bachstelze hat ein riesiges Verbreitungsgebiet, das sich über ganz Eurasien und Nordafrika erstreckt und in dem sie in verschiedenen Unterarten auftritt, die sich vor allem durch abweichende Schwarzzeichnung am Kopf sowie oft große Weißanteile im Flügel unterscheiden. Man muss gar nicht weit reisen, um einer solchen zu begegnen, denn schon in England und in bestimmten Bereichen der Nordseeküste kann man die »Trauerbachstelze« finden, bei der die grauen Bereiche der »Festlandform«, also Rücken und Flügeldecken, schwarz gefärbt sind. Auch der schwarze Latz zieht sich hier weiter auf die Brust herab. In Amerika kommt diese höchst anpassungsfähige Artengruppe übrigens zum Erstaunen der Biologen nicht vor.

▲ Dieses Bachstelzenmännchen glaubt in seinem Spiegelbild einen Artgenossen zu erkennen und greift »ihn« an.

► Die junge Bachstelze scheint bereits selbstständig zu sein. Aber es wäre doch ganz nett, wenn der Alte noch was brächte …

Zaunkönig

Troglodytes troglodytes

Merkmale

- sehr kleiner, kugeliger Vogel mit meist gestelztem Schwanz
- Grundfärbung fein gebändert dunkelbraun
- Unterseite nach vorne heller werdend
- schwacher, weißlicher Überaugenstreif
- Schnabel fein und recht lang

Anders als oft angenommen ist der Zaunkönig nicht der kleinste Repräsentant der heimischen Vogelwelt – dieser »Rekord« kommt sowohl der Größe als auch dem Gewicht nach den beiden Nadel- und Mischwälder bewohnenden Goldhähnchenarten zu. Gleichwohl fällt dieser einzige europäische Vertreter einer eigentlich in Amerika verbreiteten artenreichen Familie ausnehmend winzig aus – er ist nur etwa 1/3 so groß wie ein Sperling. Das sollte jedoch nicht darüber hinwegtäuschen, dass es sich bei ihm um einen äußerst erfolgreichen und auf seine Weise auch wehrhaften Knirps handelt, der mit seinem Gezeter schon so manche Hauskatze das Weite hat suchen lassen.

Daher geht der Name Zaunkönig durchaus nicht in seiner

Der Zaunkönig verfügt über eine für seine Größe erstaunlich laute Stimme.

spöttischen Bedeutung auf. Vielmehr trifft wohl zu: »Klein, aber oho!« Das ist auch die Aussage der uralten Fabel vom Wettstreit zwischen diesem Winzling und dem Adler, wer sich nun »König der Vögel« nennen dürfe. Den Wettstreit entscheidet der Zaunkönig für sich, aber die Vogelwelt will nicht gelten lassen, dass er, huckepack vom Adler emporgetragen, diesen dann weiter aufsteigend übertrifft. Die zweite hintersinnige Aufgabe, möglichst weit unter die Erde zu kommen, führt den Zaunkönig in ein Mauseloch, das nur auf den ersten Blick als unentrinnbare Falle erscheint, denn die zum Aufpassen abgestellte Eule schläft ein, und der Zaunkönig kann entkommen.

Ein echtes Kuckucksei
Hat ein Zaunkönigspärchen Pech, wird sein Gelege von einem Kuckucksweibchen entdeckt, das einen unbemerkten Augenblick abwartet, um ihr Ei in das Nest zu legen. Ein Ei der Wirtsvögel nimmt sie dabei meist heraus und frisst es – um den Rest kümmert sich der Jungkuckuck, zu dessen ersten Handlungen nach dem Schlüpfen das Herausstemmen der Eier und Jungvögel der Gasteltern gehört. Die »Stiefeltern« haben dann auch genug zu tun, diesen bald immer riesiger werdenden »Mitesser« satt zu bekommen. Zuletzt müssen sie auf dem Schnabel des Findelkindes landen, um die mitgebrachte Insektennahrung in seinen Schlund zu befördern.

Bevor man den Zaunkönig ständig knicksend auf einem Zweig oder einem Wurzelballen sieht, hört man ihn meist schon aus dem Unterholz oder den unteren Regionen von Sträuchern und Gebüsch heraus seinen schmetternden Gesang vortragen – und das übrigens auch an sonnigen Wintertagen, was ihm kaum ein anderer einheimischer Vogel nachmacht. Im Schutz des Gesträuchs und oft in Wassernähe legt der Zaunkönig im Frühjahr eine Reihe von kugelförmigen, also auch nach oben hin geschlossenen Nestern aus Laub und Moos mit seitlichem Eingangsloch an. Das Weibchen entscheidet sich für eines zur Brut, was aber die anderen nicht überflüssig macht. Diese dienen weiterhin als Schlafnester.
In die Brutperiode des Zaunkönigs »passen« 2 aufeinander folgende Bruten, aus denen jeweils 5–7 Junge hervorgehen. Polygynie, also »Vielweiberei«, kommt beim Zaunkönig offenbar häufiger vor, das Männchen hilft dann aber nur bei einer Partnerin mit, die Jungen aufzuziehen.

Die jungen Zaunkönige strecken ihre Köpfe aus dem Kugelnest heraus dem Altvogel entgegen.

Rotkehlchen

Erithacus rubecula

Beim Balzfüttern nimmt das Rotkehlchen-Weibchen (links) die Bettelpose der Jungvögel an.

Merkmale

- kleiner, rundlicher, etwas vorderlastig wirkender Singvogel
- Beine relativ lang, Schwanz relativ kurz
- Oberseite und Flügeldecken olivbraun
- Gesicht und Brust rostorange, grau gegen die Oberseite abgesetzt
- Unterseite ansonsten grauweißlich

Das Rotkehlchen kann als klassischer Dämmerungssänger gelten. Von einer Warte mit guter Übersicht – aber doch nicht zu exponiert – trägt es besonders im Frühjahr sein Lied vor, das immer wieder mit fast schwärmerischen Attributen wie »jubelnd«, »feierlich«, »silberrein metallisch«, »trillernd« und »perlend« versehen wird, um nur einige der sprachlichen Versuche zu zitieren, den Gesang dieser Vögel zu beschreiben. Und tatsächlich hat dieser etwas Stimmungsvolles, leicht Melancholisches, was zusammen mit der zierlichen Erscheinung des Vogels den Eindruck vermitteln kann, man habe es hier mit einem äußerst friedvollen, anmutigen Wesen zu tun. Das sind jedoch subjektive Etiketten, die mit der Natur des Vogels verknüpft werden und nicht viel mit seinem wirklichen Wesen zu tun haben.

Der Gesang des Rotkehlchens hat – wie überhaupt bei den Vögeln – revieranzeigende Funktion, soll also besonders (gleichgeschlechtlichen!) Artgenossen Grenzen anzeigen, die sie nicht überschreiten sollten. Und in diesem Zusammenhang hat sich das Rotkehlchen den Ruf erworben, besonders zu Beginn der Brutzeit äußerst aggressiv auf Eindringlinge zu reagieren. Man hat dieses Verhalten genauer untersucht und dabei die besondere Bedeutung der Rotfärbung an Kopf und Brust festgestellt: Sie kommt der eines »roten Tuches« gleich, das zur Schau gestellt bzw. auf das sofort losgegangen wird. In Experimenten erwies sich, dass für diese Reaktion gar kein Vogel dasein braucht – vorgehaltene rötliche Federbüschel, ja einmal sogar nur der rote Bart eines Ornithologen können sie auslösen. Insofern handelt es sich bei den Gesängen, die am Abend die Luft erfüllen, genau genommen um Gesangsduelle, denen schnell »schnabelgreifliche« Auseinandersetzungen folgen können. Und bei diesen kommt es immer wieder zu ernsthaften Verletzungen mit bisweilen tödlichem Ausgang.

Vogelstimmen

Da die Stimmen der Vögel oft der erste – und immer wieder auch der einzige – Hinweis auf die Gegenwart einer Art sind, gibt es seit langem Bemühungen, diese Stimmen zu beschreiben und auch mit technischen Mitteln festzuhalten. Legende sind die Versuche, Klang und Rhythmus der Stimmäußerungen in Sprache zu fassen – das einfachste Beispiel ist vielleicht der Zilpzalp, dessen Name eine Umschreibung seines Gesanges ist, aber auch der Kuckuck gehört in die Reihe lautmalerischer Vogelnamen. Für das Erlernen der Vogelstimmen, ihrer Gesänge und Rufe, stehen heute hervorragende Sammlungen auf CD zur Verfügung, die auch im Nachhinein die Bestimmung einer nur gehörten Vogelart ermöglichen.

Das Rotkehlchen gehört zur Familie der Drosseln und teilt mit ihnen die Neigung, am Boden hüpfend nach Nahrung zu suchen – wobei es oft mit Schwanz und Flügeln zuckt –, sowie die Eigenart, dass die Jungvögel ein geflecktes Gefieder tragen. Im Falle des Rotkehlchens erweist sich das Fehlen der roten Kehle beim Nachwuchs als Schutz vor der Angriffslust der alten Männchen und Weibchen, die – anders als bei den anderen Drosselvögeln – im Feld nicht zu unterscheiden sind.

► Hier war der Appetit des Rotkehlchens auf den saftigen Wurm größer als die Scheu vor dem Menschen.

►► Die Jungvögel der Drosselvögel haben wie dieses Rotkehlchen ein tarnfarben geflecktes Gefieder.

Nachtigall

Luscinia megarhynchos

Nur selten zeigt sich die Nachtigall so wie hier außerhalb von Deckung bietender Vegetation.

Merkmale

- mittelkleiner Drosselvogel
- Grundfärbung warmbraun, Unterseite heller
- Schwanz rotbraun
- charakteristischer Gesang

Der »Schlag« der Nachtigall und ihr »Schluchzen« sind Markenzeichen eines Vogels, den zwar alle dem Namen nach kennen, viele wohl auch schon vernommen, aber nur die wenigsten jemals gesehen haben. Auch dass Julia ihren Romeo beruhigt, indem sie den vernehmbaren Vogelgesang der Nachtigall und nicht der (Feld-)Lerche zuordnet und damit ausdrücken will, dass noch nicht Tag sei, ist weithin bekannt. Allerdings ist diese Aussage nicht wirklich wasserfest, denn die Nachtigall lässt ihr schmetterndes, klagendes und flötendes Lied durchaus auch tagsüber vernehmen. Ihr Name wurde jedenfalls zum Synonym für Wohlklang und daher so mancher Sängerin als Ehrentitel zuerkannt. Auch mit der Toleranz gebietenden Wendung »Was dem einen sin Uhl, ist dem andern sin Nachtigall« drückt man ja eine dezidierte geschmackliche Vorliebe aus – auch wenn die Eule dabei etwas schlecht wegkommt.

Dass man die Nachtigall so selten zu Gesicht bekommt, obwohl sie sich durch ihren lauten, ja fast aufdringlichen Gesang längst verraten hat, liegt einerseits an ihrem unscheinbaren Aussehen – man möchte fast meinen, je unauffälliger die äußere Erscheinung eines Vogels, desto spektakulärer macht er durch seine Lautäußerungen auf sich aufmerksam –, und andererseits an ihrem bevorzugten Lebensraum: unterholzreichen Mischwäldern, laubreichen Dickichten und verfilzten Krautschichten in relativ milden Klimaten. Hier legt sie im Mai nach der Rückkehr aus dem tropischen Afrika bodennah ihr Nest an und zieht ihre Brut mit 4–6 Jungen auf. Bereits im August verlassen die Nachtigallen Europa wieder, um ihre Überwinterungsgebiete südlich der Sahara, jedoch zumeist nördlich des Äquators aufzusuchen.

Zwillingsarten

Neben Sprosser und Nachtigall werden in diesem Buch mit den Baumläufern, mit Sumpf- und Weidenmeise sowie Raben- und Nebelkrähe weitere »Zwillingsarten« vorgestellt, also Arten, die sich äußerlich zwar sehr ähnlich sind, sich aber in der Regel nicht vermischen. Man erklärt das durch die Eiszeitperiode, der die gemeinsamen Vorläufer in verschiedene, geografisch von einander isolierte »Refugien« auswichen und dort jeweils verschiedene evolutionäre Entwicklungen durchliefen. Nach dem Abschmelzen des Festlandeises drängten diese wieder nach Norden und trafen dort auf die »andere Linie«. Sofern sie Eigenschaften – besonders im Gesang – entwickelt hatten und sich deshalb nicht mehr »erkannten«, verlief ihre weitere Entwicklung als getrennte, eigene Arten.

Das Verbreitungsgebiet der Nachtigall weist in Europa eine relativ deutliche Grenze auf, die sich von Dänemark bis zum Schwarzen Meer zieht. Das Gebiet westlich dieser Linie wird bis hin nach Spanien und Nordwestafrika mit Ausnahme der Gebirgsregionen besiedelt. Im Osten und Nordosten schließt sich das Verbreitungsgebiet des Sprossers (*Luscinia luscinia*) an, einer so genannten Zwillingsart, die der Nachtigall zum Verwechseln ähnlich sieht und auch im Gesang oft schwer zu unterscheiden ist. Hinweise auf den Sprosser geben seine nicht rein cremefarben bräunliche, sondern dunkel gewölkte Brust sowie das Fehlen der gezogenen, schluchzenden »dü dü dü«-Reihen. Von ihm vernimmt man häufiger »tschack tschack tschack«-Folgen, und insgesamt sind seine Strophen eher in Dur als in Moll angesiedelt. Er bevorzugt außerdem feuchtere Lebensräume als die Nachtigall.

◄ Dieser Sprosser fühlt sich ertappt und wird gleich in der Tiefe des Gehölzes verschwinden.

◄◄ Gesungen wird nur im Schutz von Bäumen und Strauchwerk.

Gartenrotschwanz

Phoenicurus phoenicurus

Gartenrotschwanz-Männchen mit Nachwuchs.

Merkmale

- kleiner Drosselvogel mit braunrotem Schwanz
- weißer Überaugen- und Stirnstreif, schwarze Wangen und Kehle
- Scheitel und Rücken beim Männchen grau, Brust rostrot, Bauch und Steiß grauweiß
- Weibchen graubraun mit hellerer Unterseite

Ein Gartenrotschwanzmännchen gehört für viele zu den schönsten Vertretern der einheimischen Vogelwelt. Nun lässt sich über Geschmack zwar bekanntlich streiten, und manchem sind »gedeckte Töne« (Loriot) auch bei Vögeln lieber. Doch niemand wird leugnen, dass diese Vögel, wenn sie Ende April aus ihren Wintergebieten in der Sahelzone zurückkehren, zu den auffälligen Anblicken in den Gärten und Parks gehören. Ihr Lied, das sie lautstark von exponierten Stellen wie Baumwipfeln, aber auch Hausantennen aus erschallen lassen, beginnt zumeist mit einem ansteigenden »hüit«, dem sogleich ein etwas prosaisches »tä tä tä« folgt. Die Strophe wird abgerundet durch Ansätze flötender Melodien, die auch Imitationen der Rufe und Gesänge anderer Vögel beinhalten können.

Sind die Reviere nach dem Eintreffen der Nachzügler und der Weibchen abgesteckt, beginnen die Vögel, in Baumhöhlungen und Mauernischen eine Nestmulde anzulegen, die mit Pflanzenresten und Federn ausgepolstert wird. Gartenrotschwänze nehmen auch Nisthilfen wie künstliche Halbhöhlen-Konstruktionen an, sodass man dem Bruterfolg dieses gefährdeten Langstreckenziehers durchaus »unter die Flügel greifen« kann.

Als Angehöriger der Drosselfamilie sucht der Gartenrotschwanz seine Nahrung – besonders sind dies Insekten und deren Larven sowie Spinnen und Weberknechte – vorwiegend am Boden. Hier fällt auch das Weibchen durch seine aufrechte Haltung auf, wenn es, ständig knicksend und mit dem roten Schwanz zitternd, der Beute hüpfend nachstellt. Bei Gefahr sucht der Vogel gleich wieder den Schutz der Bäume und Sträucher auf.

Ein enger Verwandter

Zur selben Gattung gehörig – also biologisch gesehen sehr nahe verwandt –, kommt der Hausrotschwanz (*Phoenicurus ochruros*) ursprünglich in felsigem Gelände vor, so in den Alpen bis über 3000 m. Er hat sich erst in den letzten beiden Jahrhunderten die Städte in den Ebenen bis hin nach Holland und England erobert. Hier sind es freilich weniger die Gartenvorstädte und Parks als vielmehr die Häuserschluchten selbst (vgl. Turmfalke und Mauersegler), wo er, meist unbemerkt vom Treiben der Menschen, von den Dächern sein Lied vorträgt, das in der Einleitung dem des Gartenrotschwanzes ähnelt. Auf diese allerdings etwas weniger ansteigenden Töne folgen kratzende Geräusche, nämlich ein fast technisch anmutendes »brizzel brizzel«. Den Abschluss der Strophe bildet dann wiederum eine kurze Folge melodiös ansteigender Flötentöne.
Das Männchen des Hausrotschwanzes präsentiert sich, anders als das des Gartenrotschwanzes, praktisch einfarbig. Seine Grundfärbung ist bis auf den rotbraunen Schwanz dunkelgrau bis schwarz. Alte Männchen zeigen besonders am geschlossenen Flügel ein weißes Feld. Die Weibchen sind ähnlich unscheinbar tarnfarben graubraun wie die Weibchen des Gartenrotschwanzes, deren Tönung aber stärker ins Rötliche geht.

◄ Papa Hausrotschwanz sammelt Futter für den Nachwuchs. Das weiße Flügelfeld weisen nur ältere Männchen auf.

▲ »Mehr gibt's jetzt nicht. Erst muss der Fotograf verschwinden!« – scheint dieses Hausrotschwanz-Weibchen zu denken.

Auch hängen gebliebene Äpfel bilden eine willkommene Nahrung für dieses Mönchsgrasmückenpaar.

Mönchsgrasmücke

Sylvia atricapilla

Merkmale

- etwa sperlingsgroß, jedoch schlanker und langgestreckter
- Männchen braungrau mit schwarzer Kappe
- Weibchen und Jungvögel heller und bräunlicher, mit rotbrauner Kappe
- weißer Unterschwanz

Die Mönchsgrasmücke ist wohl der in den Gärten auch der großen Städte verbreitetste und häufigste »Schönsänger«. Meist aus der Deckung von Bäumen und Sträuchern lässt sie (fast explosionsartig, sieht man von der leise schwätzenden Einleitung ab) ihren lauten, flötenden Gesang vernehmen, der oftmals Imitationen anderer Vogelarten enthält und von dem es nachgerade regionale Dialekte gibt. Auch ihr schmatzender, oft gereihter »tschk«-Ruf gehört im Frühjahr und Sommer zur Naturlautausstattung durchaus menschennaher Biotope. Als einziger Vertreter der Grasmücken brütet sie in Mitteleuropa auch mitten in den Städten. Das Verbreitungsgebiet dieser »Zweigsänger« der Gattung *Sylvia* erstreckt sich mit Schwerpunkt im Mittelmeerraum durch die gemäßigten und warmen Breiten Europas und strahlt mit abnehmender Artenzahl bis nach Asien aus.

Das in ihren Populationen ganz unterschiedliche Zugverhalten der Mönchsgrasmücke, ihre relative Häufigkeit und die leichte Haltung und Vermehrung in Gefangenschaft haben dazu geführt, dass an dieser Art wesentliche Erkenntnisse über die Wanderungen der Vögel gewonnen werden konnten. So gibt es Mönchsgrasmücken, die Standvögel sind (z.B. auf den Kanaren), und es gibt Langstreckenzieher, die auf unterschiedlichen Zugrouten ihre Überwinterungsgebiete im Osten und Westen des tropischen Afrika ansteuern, sowie Kurzstreckenzieher, die den Mittelmeerraum zum Überwintern aufsuchen. Darüber hinaus hat sich in den letzten Jahrzehnten eine neue Zugtradition mitteleuropäischer Mönchsgrasmücken herausgebildet: Viele ziehen nun nicht mehr nach Süden, sondern nach Westen und verbringen die kalte, nahrungsarme Jahreszeit in England, wo sie wohl wegen der dort traditionell weit verbreiteten Winterfütterung überleben können.

»Versuchs«-Vögel

Forschungen an der Mönchsgrasmücke führten zu der Erkenntnis, dass das Zugverhalten der Vögel wesentlich genetisch programmiert ist. Durch Kreuzung von Vögeln aus Populationen mit unterschiedlichen Zugrichtungen fanden Wissenschaftler heraus, dass die »Zugunruhe« der Nachkommen in Richtung und Intensität »intermediär« ist, also zwischen denen der Elternvögel liegt. Man bewies das mittels eigens konstruierter Registrier- und Orientierungskäfige, in denen die Häufigkeit, mit der die Vögel in eine bestimmte Richtung aufbrechen wollen, mit Sensoren gemessen wird. Auch für die Erforschung der Orientierungsleistungen ziehender Vögel sowie ihre Nutzung von Sonne, Sternenhimmel und Magnetfeld der Erde als Kompass gaben die Experimente mit den Orientierungskäfigen wichtige Aufschlüsse.

In ihrer Nahrung ähnelt die Mönchsgrasmücke den Drosselvögeln: Insekten und Kleintiere, die sie im Frühjahr und Sommer zu sich nimmt und an die jeweils 4–6 Jungvögel ihrer 1–2 Bruten verfüttert, weichen ab dem Spätsommer mehr und mehr Beeren und kleinen Früchten, sodass man auch dieser Art durch die Anpflanzung von Beerensträuchern helfen kann.

◄ Meist legen Mönchsgrasmücken ihr Nest in etwa 1 m Höhe an, was sie besonders in Gärten störanfällig macht.

▲ Das Mönchsgrasmücken-Männchen stellt beim Singen sein Scheitelgefieder leicht auf.

Der Fitis kehrt in der Regel 1 Woche später als der Zilpzalp aus dem Überwinterungsgebiet zurück.

Fitis

Phylloscopus trochilus

Merkmale

- deutlich kleiner als ein Sperling
- oberseits gelblichgrün, unterseits gelblichweiß
- feiner, gelb und hornfarbener Schnabel
- langer gelblicher Überaugenstreif
- Beine gelbbraun

Der Fitis gehört wie seine Zwillingsart, der Zilpzalp (*Phylloscopus collybita*), zu einer recht einförmigen Gattung meist gelbgrüner unscheinbarer Zweigsänger, die den Beobachter bei der Bestimmung immer wieder vor Rätsel stellen und letztlich am sichersten noch durch ihren Gesang zu unterscheiden sind. Denn dass der Fitis helle Beine, der Zilpzalp dagegen dunkle haben soll, ist ein nicht wirklich zuverlässiges Merkmal, genauso wenig wie die mehr braune Gefiederfärbung des Zilpzalp. Und auch dass die Handschwingen des Fitislaubsängers länger als die des Zilpzalp oder Weidenlaubsängers sind, lässt sich angesichts der wepsigen Umtriebigkeit dieser ständig durchs Blattwerk wuselnden Insektenfresser auch nicht immer einfach feststellen. Sieht man die Vögel frei sitzen, ist ein häufiges Schwanzschlagen ein guter Hinweis, dass es sich um einen Zilpzalp handelt.

Der Gesang des Zilpzalps ist besonders einprägsam und besteht im Wesentlichen aus der ständigen, beinahe monotonen Wiederholung der namengebenden 2 Silben, die auch dem englischen »Chiffchaff« zu Grunde liegen. Da er wie der Fitis zu den häufigsten einheimischen Singvögeln zählt, dürfte kaum jemand ihn noch nicht vernommen haben – auch wenn es den wenigsten bewusst ist, wer da so unablässig und eindringlich singt. Der Fitis dagegen trägt ein ausgefeilteres Lied mit einer weichen und schwermütigen, im Klang abfallenden Strophe vor, wenn er im April bei uns eintrifft. Als Langstreckenzieher mit Überwinterungsgebieten im Afrika südlich der Sahara kommt er etwa eine Woche nach dem Zilpzalp an, der nur bis in den Mittelmeerraum zieht und daher übrigens auch nicht so lange Flügel entwickelt hat. Gelegentlich versuchen Zilpzalpe sogar, in unseren Breiten über den Winter hinweg auszuharren. Die Rufe der beiden so ähnlichen Arten hören sich wie ein »huit« an, aber nur nach einiger Übung ist man in der Lage, die weichere, 2-silbige Variante des Fitis herauszuhören.

Im Herbst sind die Arten dann auch optisch leichter zu unterscheiden, wenn der Fitis im frischen Gefieder kräftigere, saubere Gelbtöne aufweist, während besonders die jungen Zilpzalpe etwas unordentlich meliert und dunkler olivgrün daherkommen.

Jungenaufzucht im »Backofen«

Sowohl Fitis als auch Zilpzalp legen ihre kugeligen, also nach oben geschlossenen Nester mit seitlichem Eingangsloch (die immer wieder mit kleinen Backöfen verglichen werden) bodennah in der Vegetation an. Die 4–6 Jungvögel ihrer 1. Brut – ein häufig vorkommendes 2. Gelege umfasst in der Regel weniger Eier – ernähren die Laubsänger mit kleinen Insekten und deren Larven sowie Spinnen. Obwohl wenigstens für den Zilpzalp pflanzliche Kost, nämlich im Frühjahr Nektar und Pollen, durchaus auf dem Speisezettel steht, halten sich Fitis und Zilpzalp im Herbst – anders als die Drosselvögel – weitgehend von Beerenfrüchten fern.

◄ Im Frühjahr nimmt der Zilpzalp auch Nektar und Pollen zu sich. Sogar an exotischen Zierpflanzen nascht er.

▲ Ein Fitislaubsänger an seinem »Backofennest«. Die leuchtend roten Kehlen der Jungen signalisieren, wohin das Futter gehört.

Register

Zahlen mit * verweisen auf Abbildungen

Weihnachten 2005 / Kirschi + Holly

Kontaktadresse zum Melden markierter Kanadagänse:

Arbeitsgruppe Neozoen
Olaf Geiter
Allgemeine und Spezielle Zoologie, Universität Rostock, Universitätsplatz 5, 18055 Rostock
eMail: og@fibio.physik2.uni-rostock.de

Bibliographische Information der Deutschen Bibliothek

Die Deutsche Bibliothek verzeichnet diese Publikation in der Deutschen Nationalbibliographie; detaillierte bibliographische Daten sind im Internet über http://dnb.ddb.de abrufbar.

BLV Buchverlag Gmbh & Co. KG
80797 München

Bildnachweis:
AKG: 23o, 25o
Danegger: 5ur, 5ul, 14r, 22, 23u, 27o, 30, 32, 38, 40, 41l, 55r, 63l, 71o, 71u, 85
Groß: 2/3, 4, 9, 10, 12, 15o, 16, 18, 19l, 19r, 20, 27u, 29l, 36, 43o, 45or, 49o, 58, 65l, 68, 69l, 84, 85l, 87l, 88
Grüner: 5o, 7u, 17u, 24, 31o, 34, 59, 67, 73l, 77r, 81r, 93l
Hecker: 13r, 21u, 33u, 43u, 44, 96ol
Limbrunner: 6, 21ol, 21or, 29r, 45u, 47r, 50, 61l, 73m, 79l, 89l, 93r, 96or
Mestel/Hecker: 28, 31u, 64, 66, 74
Pforr: 8, 15u, 47l, 51o, 53o, 55l, 56, 81l, 89r, 90
Sauer/Hecker: 13l, 37l, 47u, 91l
Schmidt: 11o, 48, 70, 86
Thielscher: 25u, 37r, 39, 46, 57u, 75r, 80, 83, 96ur
Wothe: 7o, 11ur, 17o, 26, 35o, 41r, 45ol, 53ul, 57o, 60, 63r, 65r, 69r, 77l, 91r, 96ul, 96ml
Zeininger: 11ul, 14l, 33o, 35u, 42, 51u, 52, 53ur, 54, 61r, 62, 72, 73r, 75l, 76, 78, 79r, 82, 87r, 92

Hintere Klappe/Innenseite links: Zeininger: ml, Wothe: ol, Thielscher: ur, Pforr: or, Hecker: ul
Hintere Klappe/Innenseite rechts: Hecker: or, ml, Limbrunner: ur, ul, Wothe: ol
Hintere Klappe/Außenseite: Zeininger: ul, Limbrunner: ml, or, Groß: ur, Pforr: ol

Umschlaggestaltung: fuchs_design, Riemerling

Umschlagfotos:
Vorderseite: Corbis, Norbert Schaefer (ol), Danegger (or), Mestel (ul), Hecker (ur)
Rückseite: Grüner (l+r), Zeininger (m)

Lektoratsleitung: Wilhelm Eisenreich
Lektorat: Dr. Eva Dempewolf, Dr. Friedrich Kögel
Herstellung: Hermann Maxant
Layoutkonzept Innenteil: fuchs_design, Riemerling
Layout: Anton Walter, Gundelfingen
Satz: agentur walter, Gundelfingen

Gedruckt auf chlorfrei gebleichtem Papier

Printed in Germany ·
ISBN 3-405-16945-3

Frühling

Der dreisilbige Revierruf und die Ausdrucksflüge der Türkentaube gehören heute zu den Frühlingsboten europäischer Gartenstädte.

Sind die Eier gelegt (hier bei einem Buchfinken), sollte man sich vom Nest fern halten.

Ist das Heim erst einmal besetzt, kann das Brutgeschäft beginnen. Hier schaut aus einem Starenkasten ein ebensolcher heraus und überblickt seine »gefliederte« Umgebung.

Gänseküken wie diese Gössel der Kanadagans gehören zu den ersten Jungvögeln, die im Frühjahr zu sehen sind.

Sonnenbaden nach der kalten Jahreszeit in den wärmenden Strahlen der Frühlingssonne ist nicht nur eine Leidenschaft der Menschen.